万用表检测
电子元器件
一学就会

王学屯 等 编著

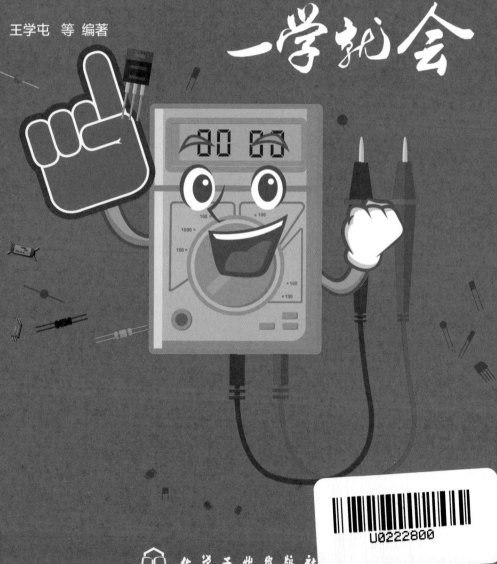

化学工业出版社

·北京·

内容简介

本书通过全彩图解+视频教学的方式，系统介绍了万用表的使用方法以及电阻、电容、电感与变压器、二极管、三极管、场效应管、敏感元件、晶闸管、集成电路、发光二极管显示器、电声器件及其他常用元器件的识别、检测、选用、维修等知识。

本书内容丰富实用，涉及元器件种类十余种，其中不乏一些新型元器件；彩色图片上百幅，直观清晰，通俗易懂；视频讲解近 90 段，扫码边学边看，大大提高学习效率。

本书非常适合零基础的电工电子技术读者自学使用，比如初级电工、电子爱好者等，也可用作职业院校、培训机构相关专业的教材及参考书。

图书在版编目（CIP）数据

万用表检测电子元器件一学就会 / 王学屯等编著. —北京：化学工业出版社，2021.2
ISBN 978-7-122-38138-5

Ⅰ.①万…　Ⅱ.①王…　Ⅲ.①复用电表 - 检测 - 电子元件 - 图解②复用电表 - 检测 - 电子器件 - 图解　Ⅳ.① TN606-64

中国版本图书馆 CIP 数据核字（2020）第 243421 号

责任编辑：耍利娜　　　　　　　　　　　文字编辑：赵　越
责任校对：宋　玮　　　　　　　　　　　装帧设计：王晓宇

出版发行：化学工业出版社（北京市东城区青年湖南街13号　邮政编码100011）
印　　装：北京缤索印刷有限公司
787mm×1092mm　1/16　印张16¾　字数425千字　2021年8月北京第1版第1次印刷

购书咨询：010-64518888　　　　　　　　售后服务：010-64518899
网　　址：http://www.cip.com.cn
凡购买本书，如有缺损质量问题，本社销售中心负责调换。

定　　价：68.00元

前 言
PREFACE

　　假如有一只指针式或数字式万用表，你能很好地利用它吗？能把它实实在在变为"万用功能"的仪表吗？那么又该如何通过一定的检测方法来达到粗略检测电阻、电容、电感、各种晶体管、集成电路、电声器件、连接器件、显示器件及自动控制器件等元器件的目的呢？

　　如果你是一位刚接触电子元器件、万用表的电子爱好者，如果你希望在动手实践中掌握电子技术的相关知识，那么通过阅读本书，相信你可以从中收获你想要的"答案"。

　　本书在内容编排上本着全而精的原则，贴近初学者的学习需求，精选了 10+ 类常用及新型元器件，详细介绍了它们的识别、检测、选用、代换及维修等知识；在讲解上采用图文并茂的形式，所用图片多为彩色绘制，图片更精美，识图更容易；同时配套大量视频讲解，图、文、视频三位一体，学习更快捷。

　　本书共分 13 章。

　　第 1 章主要介绍指针式和数字式万用表的使用方法和技巧。

　　第 2~9 章分别介绍电阻、电容、电感与变压器、二极管、三极管、场效应管、敏感元件、晶闸管的图形符号、命名方法及分类、特性参数、标识方法、常见故障、检测、选用和代换、使用注意事项等。

　　第 10 章主要介绍集成电路的分类及型号命名方法、使用常识、基本特点及检测，详细介绍了集成三端稳压器的主要技术参数、电路基本接法等，并简述了集成运算放大器、集成功率放大器的分类、特点及工作原理等。

　　第 11 章主要介绍发光二极管的结构、图形符号、分类、主要参数及检测等，并简述了发光二极管数码显示器、LED 显示器和点阵元件的特点及检测等。

　　第 12 章主要介绍扬声器、耳机、蜂鸣器和话筒的图形符号、型号命名方法、主要技术参数、检测、选用原则及注意事项等。

　　第 13 章主要介绍开关、连接器、继电器的分类、主要技术参数、检测和选用等。

　　全书由王学屯担任主编，参加编写工作的还有高选梅、刘军朝、王嬰敏等。本书在编写过程中参考了相关文献和书籍，在此，对这些文献和书籍的作者表示感谢！

　　由于编者水平有限且时间仓促，书中难免有不妥之处，恳请各位读者批评指正，以便日臻完善。

编著者

目录

视频页码

23 24 26

28 29

第 3 章

电容

视频页码

35 36 37

目录

视频页码
42 45 47 48
49 51 54

第 4 章
电感与变压器

视频页码
57 58

视频页码
62 65 66
68 69

第 5 章
二极管

视频页码
76 78 79

目录

视频页码
91 92

第6章
三极管

视频页码
98 104 107

视频页码
110 112 115
117 120

第 7 章
场效应管

视频页码
124 128 129
130 132

目录

第 8 章
敏感元件

视频页码
135 136 140 144
148 151 152

第9章
晶闸管

视频页码
155

视频页码
157 158 159
164 166

第 10 章
集成电路

视频页码
173

目录

视频页码
175 181 189 194

第 11 章

发光二极管显示器

视频页码
203

视频页码
208

第 12 章

电声器件

视频页码
217 218
223 226

目录

视频页码
229

第 13 章

其他元器件

视频页码
237 242

参考文献

第 1 章
万用表的使用方法和技巧

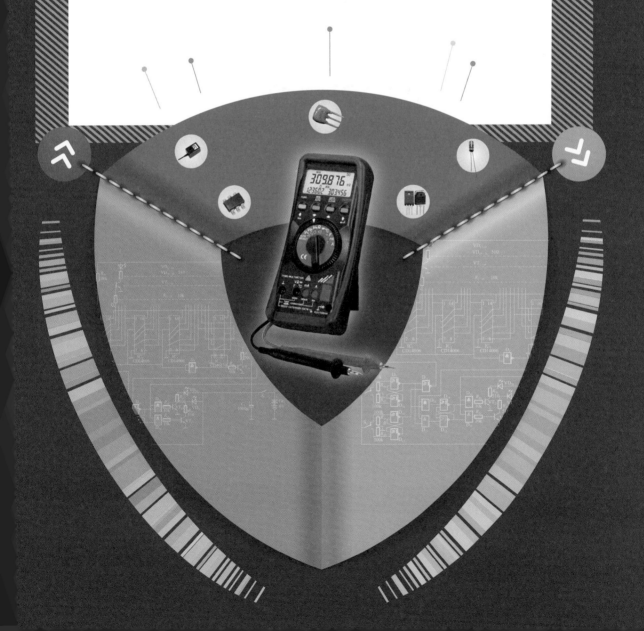

1.1
MF47 型指针式万用表结构及刻度盘

指针式万用表是元器件检测中应用最为广泛的仪表之一。目前，MF47 型指针式万用表市场拥有量最多，因此，以此为例来介绍。

1.1.1 MF47 型指针式万用表结构

MF47 型万用表结构如图 1-1 所示，它可供测量直流电流、交直流电压、直流电阻等，具有 26 个基本量程和电平、电容、电感、晶体管直流参数等 7 个附加参考量程。正面上部是微安表，中间有一个机械调零螺钉，用来校正指针左端的零位。下部为操作面板，面板中央为测量选择、转换开关，右上角为电阻调零旋钮，右下角有 2500V 交直流电压和直流 5A 专用插孔，左上角有晶体管静态直流放大系数检测装置，左下角有正（红）、负（黑）表笔插孔。

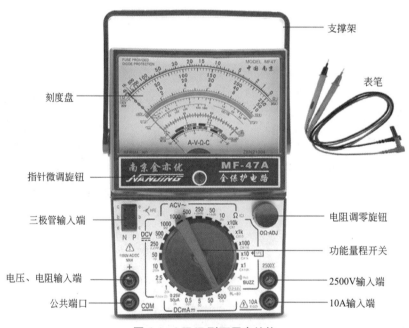

图 1-1 MF47 型万用表结构

1.1.2 MF47 型万用表刻度盘及识读

1. MF47 型万用表刻度盘特点

MF47 型指针式万用表刻度盘示数印刷成红、绿、黑三色，即按交流红色、晶体管绿色、其余黑色对应制成，如图 1-2 所示。刻度盘共有 10 条刻度，从上往下依次是：第一条专供测电阻用；第二条供测交流电压、直流电流之用；第三条供测 10V 交流电压用；第四条供测电容用；第五条供测晶体管放大倍数用；第六、七条供测电感之用；第八、九条供测电池电量用；第十条供测音频电平用。刻度盘上装有反光镜，用以消除视差。

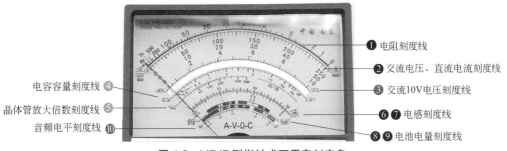

图 1-2　MF47 型指针式万用表刻度盘

① 电阻刻度线
② 交流电压、直流电流刻度线
③ 交流10V电压刻度线
⑥⑦ 电感刻度线
⑧⑨ 电池电量刻度线

电容容量刻度线 ④
晶体管放大倍数刻度线 ⑤
音频电平刻度线 ⑩

2. 正确识读刻度盘

以图 1-3 中刻度盘指针指示的位置为例，其读数分别如图中所示。

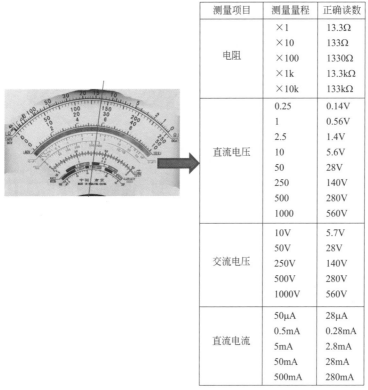

测量项目	测量量程	正确读数
电阻	×1	13.3Ω
	×10	133Ω
	×100	1330Ω
	×1k	13.3kΩ
	×10k	133kΩ
直流电压	0.25	0.14V
	1	0.56V
	2.5	1.4V
	10	5.6V
	50	28V
	250	140V
	500	280V
	1000	560V
交流电压	10V	5.7V
	50V	28V
	250V	140V
	500V	280V
	1000V	560V
直流电流	50μA	28μA
	0.5mA	0.28mA
	5mA	2.8mA
	50mA	28mA
	500mA	280mA

图 1-3　正确识读刻度盘

1.2
数字式万用表结构

扫一扫 看视频

目前，数字式万用表型号较多，功能也比较多，但使用方法大同小异，下面以 DT9205A 数字式万用表为例来说明其使用方法。DT9205A 数字式万用表外形结构如图 1-4 所示，其主要技术参数如表 1-1 所示。

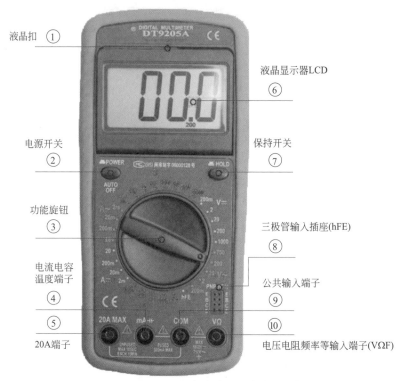

液晶扣 ①

液晶显示器LCD ⑥

电源开关 ②

保持开关 ⑦

功能旋钮 ③

三极管输入插座(hFE) ⑧

电流电容
温度端子 ④

公共输入端子 ⑨

⑤

20A端子

电压电阻频率等输入端子(VΩF) ⑩

图 1-4　DT9205A 数字式万用表外形结构

表 1-1　DT9205A 数字式万用表主要技术参数

功能	量程	准确度
直流电压	200mV ～ 1000V	±（0.5%+1dgt[①]）
交流电压	200mV ～ 700V	±（0.8%+3dgt）
直流电流	2mA ～ 10A	±（0.8%+1dgt）
交流电流	2mA ～ 10A	±（1.0%+3dgt）
电容	20nF ～ 200F	±（4.0%+3dgt）
二极管	可以	
三极管	可以	
通断测量	可以	
数据保持	可以	
睡眠模式	可以	
电源供应	6F22 型 9V 电池	
最大显示	1999	

①　dgt 为分辨率，是在数字式测量仪表上能被显示的最小单位，即输入值引起数字显示为 1 时的单位。

1.3
万用表的基本使用方法

扫一扫 看视频

1.3.1 指针式万用表测量电阻

指针式万用表测量电阻时，一般分为三个步骤。

1. 选择量程（挡位）

万用表的欧姆挡通常设置多量程，一般有 $R\times1$、$R\times10$、$R\times100$、$R\times1k$ 及 $R\times10k$ 五挡量程，如图 1-5（a）所示。欧姆刻度线是不均匀的（非线性），为了减小误差，提高精确度，应合理选择量程，使指针指在刻度线的 1/3 ～ 2/3 之间，如图 1-5（c）所示。图 1-5（b）选择的是 $R\times1k$ 量程。

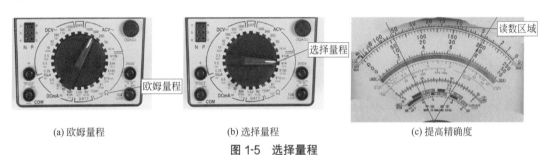

(a) 欧姆量程　　　　　　　(b) 选择量程　　　　　　　(c) 提高精确度

图 1-5　选择量程

2. 欧姆调零

选择量程后，应将两表笔短接，如图 1-6（a）所示；同时调节"欧姆调零旋钮"，使指针正好指在欧姆刻度线右边的零位置，如图 1-6（b）所示。

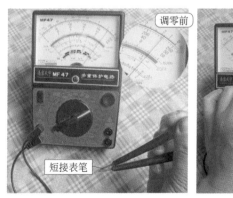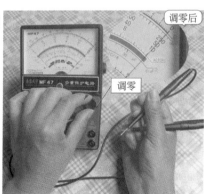

(a) 短接表笔　　　　　　　　　　　　　(b) 调零

图 1-6　欧姆调零

 注意　若指针调不到零位，可能是电池电压不足或其内部有问题。
每选择一次量程，都要重新进行欧姆调零。

3. 测量电阻并读数

测量时，待表针停稳后读取示数，然后乘以倍率，就是所测之电阻值，如图 1-7 所示。图中电阻的实际值是：10×1kΩ=10kΩ。

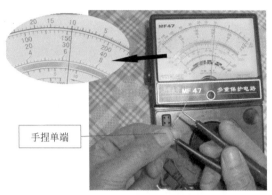

手捏单端

图 1-7　测量电阻并读数

> **注意**
>
> 正确测量方法如图 1-8（a）所示；一定不要把手指并接在电阻体上，如图 1-8（b）所示。

(a) 正确测试　　　　　　　　(b) 错误测试

图 1-8　正确与错误测量方法

1.3.2　数字式万用表测量电阻

1. 打开电源总开关

在测量电阻前要打开电源总开关，如图 1-9（a）所示。如果数字万用表已经打开了开关，这一步骤可以省略。

2. 选择量程（挡位）

选择电阻挡位某个量程，例如图 1-9（b）所示选择的是 200k 量程。

3. 测量、读数

两支表笔与电阻体并联进行测量，然后直接读数加上电阻单位即可，例如图 1-9（c）所示显示的是 0.6，则实际数值为 0.6kΩ。

(a) 打开电源总开关

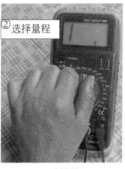
(b) 选择量程

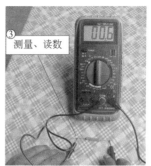
(c) 测量、读数

图 1-9　数字式万用表测量电阻

注意　数字式万用表测电阻一般无须调零，可直接测量。如果电阻值超过所选挡位值，则万用表显示屏的左端会显示"1"，这时应将开关转至较高挡位上。

1.3.3　指针式万用表测量直流电压

扫一扫 看视频

测量前需要准备的工作：机械调零。除了电阻挡位不用机械调零以外，其余各功能测量挡位都需要提前微调，如图 1-10 所示。

(a) 指针超前0刻度线

(b) 指针滞后0刻度线

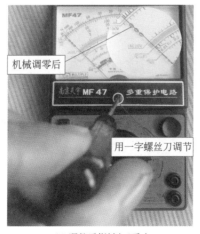
(c) 调整后指针与0重合

图 1-10　机械调零

指针式万用表测量直流电压时，一般分为以下步骤。

1.选择量程

万用表直流电压挡标有"V"，通常有 2.5V、10V、50V、250V、500V 等不同量程，如图 1-11（a）所示。选择量程时应根据电路中的电压大小而定，如图 1-11（b）所示选择的量程是 10。若不知电压大小，应先用最高电压挡量程，然后逐渐减小到合适的电压挡。

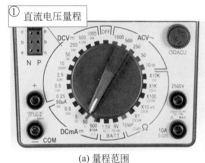

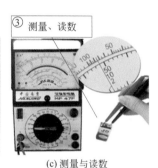

(a) 量程范围　　　　　　　　　　(b) 选择量程　　　　　　　　(c) 测量与读数

图 1-11　指针式万用表测量直流电压

2.测量方法与正确读数

将万用表与被测电路并联，且红表笔接被测电路的正极（高电位），黑表笔接被测电路的负极（低电位）；待表针稳定后，仔细观察标度盘，找到相对应的刻度线，正视线读出被测电压值。

1.3.4　数字式万用表测量直流电压

将电源开关（POWER）按下，如图 1-12（a）所示；然后将量程选择开关拨到"DCV"区域内合适的量程挡，如图 1-12（b）所示；这时即可以并联方式进行直流电压的测量，便可读出显示值，红表笔所接的极性将同时显示于液晶显示屏上，如图 1-12（c）、（d）所示。直流电压测量示意图如图 1-12 所示。

(a) 将电源开关按下　　　　　　　　　　(b) 选择量程DCV

(c) 负电压显示　　　　　　　　(d) 正电压显示

图 1-12　直流电压测量示意图

1.3.5　指针式万用表测量交流电压

交流电压的测量与上述直流电压的测量相似，不同之处为：交流电压挡标有"～"，通常有 10V、50V、250V、500V 等不同量程，如图 1-13（a）所示；测量时，不区分红黑表笔，只要并联在被测电路两端即可，如图 1-13（b）所示。

交流电压量程

(a) 交流电压量程　　　　　　　　(b) 测量交流电压

图 1-13　指针式万用表测量交流电压

1.3.6　数字式万用表测量交流电压

将电源开关（POWER）按下，如图 1-14（a）所示；然后将量程选择开关拨到"ACV"区域内合适的量程挡，如图 1-14（b）所示；表笔接法和测量方法同交流电压，然后测量并读数，如图 1-14（c）所示，但无极性显示。交流电压测量示意图如图 1-14 所示。

1.3.7　指针式万用表测量直流电流

1. 选择量程

指针式万用表直流电流挡标有"mA"，通常有 1mA、10mA、100mA、500mA 等不同量程，如图 1-15（a）所示。

扫一扫 看视频

① 打开电源开关

② 选择量程

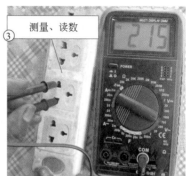

③ 测量、读数

(a) 将电源开关按下   (b) 选择量程ACV   (c) 测量并读数

图 1-14 数字式万用表测量交流电压

直流电流量程

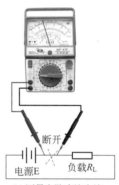

断开

电源E   负载R_L

(a) 直流电流量程   (b) 测量电路直流电流

图 1-15 指针式万用表测量直流电流

注意 选择量程时应根据电路中的电流大小而定。若不知电流大小，应先用最高电流挡量程，然后逐渐减小到合适的电流挡。

2. 测量方法

将万用表与被测电路串联。应将电路相应部分断开后，将万用表表笔串联接在断点的两端。红表笔接在和电源正极相连的断点，黑表笔接在和电源负极相连的断点，如图 1-15（b）所示。

3. 正确读数

待表针稳定后，仔细观察标度盘，找到相对应的刻度线，正视线读出被测电流值。

1.3.8 数字式万用表测量直流电流

将电源开关（POWER）按下，然后将功能量程选择开关拨到"DCA"区域内合适的量程挡，红表笔插"mA"插孔（被测电流 ≤ 200mA）或接"20A"插孔（被测电流 >200mA），黑表笔插入"COM"插孔，将数字式万用表串联于电路中即可进行测量，直接读出显示值，红表笔所接的极性将同时显示于液晶显示屏上。

第 2 章
电　阻

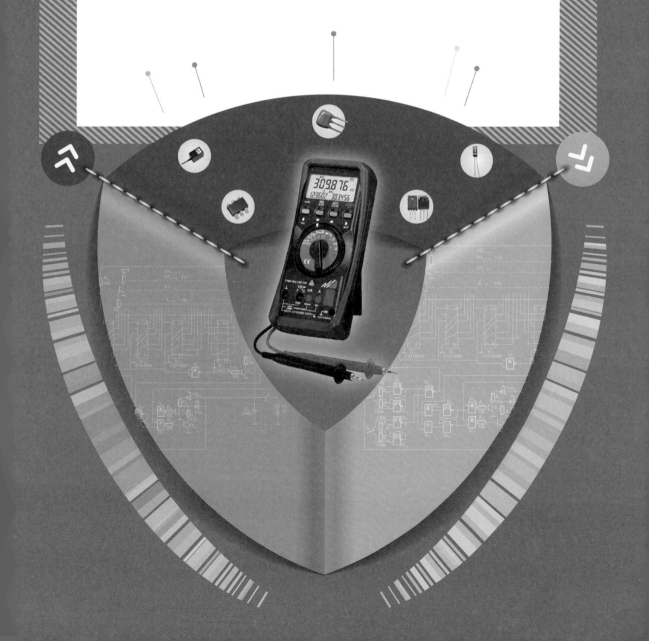

2.1
电阻的作用、图形符号及单位

扫一扫 看视频

1. 电阻的作用

电阻在电路中的主要作用有分压（降压）、分流（限流）、退耦、滤波、阻抗匹配、负载、耦合、取样等。

2. 电阻的图形符号

在电路原理图中，固定电阻通常用"R"表示，可变电阻用"W"表示，电阻的图形符号如图 2-1 所示。还有一种电路符号在进口电子设备电路图中出现，如图 2-1（c）所示，也是国家标准中允许使用的电路符号。

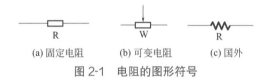

(a) 固定电阻　　　(b) 可变电阻　　　(c) 国外

图 2-1　电阻的图形符号

3. 电阻的单位

电阻的基本单位是欧姆，习惯上简称为欧，用符号"Ω"表示。通常还使用由欧姆导出的其他电阻值单位，主要有千欧（kΩ）、兆欧（MΩ）及吉欧（GΩ）等，它们之间的换算关系如下：

$$1G\Omega=1\times10^{3}M\Omega=10^{9}\Omega$$
$$1M\Omega=1\times10^{3}k\Omega=10^{6}\Omega$$
$$1k\Omega=1\times10^{3}\Omega$$

电路中为了简便起见，凡阻值在 1000Ω 以下的电阻，一般都省去单位"Ω"，如 470Ω 可就写成 470；凡阻值在千欧以上的电阻，一般用"k"表示，如 1000Ω 就写成 1k；阻值在兆欧以上的电阻用"M"表示，如 1200000Ω 就简写成 1.2M。

2.2
电阻的型号命名方法

扫一扫 看视频

根据我国有关标准的规定，我国电阻的型号命名由以下几部分组成：

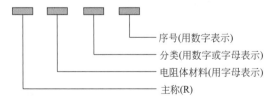

　　　　　　　　　　　　　序号(用数字表示)
　　　　　　　　　　分类(用数字或字母表示)
　　　　　　电阻体材料(用字母表示)
　　主称(R)

第一部分为主称，用字母 R 表示。
第二部分为电阻体材料，用字母表示，如表 2-1 所示。

表 2-1 电阻型号中主称和电阻体材料的部分符号及意义

第一部分：主称		第二部分：电阻体材料	
符号	意义	符号	意义
R	电阻器	H I J N G S T X Y F	合成碳膜 玻璃釉膜 金属膜 无机实心 沉积膜 有机实心 碳膜 线绕 氧化膜 复合膜

第三部分为分类特征，用数字或字母表示，如表 2-2 所示。

表 2-2 电阻型号中分类特征部分的符号及意义

符号	电阻分类特征意义	符号	电阻分类特征意义
1	普通	8	高压
2	普通	9	特殊
3	超高频	G	高功率
4	高阻	I	被漆
5	高温	J	精密
6	高湿	T	可调
7	精密	X	小型

第四部分为序号，用数字表示，以区别外形尺寸和性能参数。对材料和分类特征相同，仅尺寸、性能指标有误差，但基本上不影响互换的产品，标同一序号；对材料、分类特征相同，仅尺寸、性能指标影响产品互换的产品，仍可标同一序号，但必须在序号后加一字母作为区别代号。

电阻型号举例：RJ71 型精密金属膜电阻

2.3 电阻的分类

常见电阻的分类如图 2-2 所示。

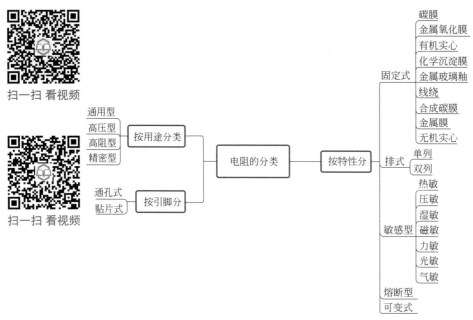

图 2-2　常见电阻的分类

2.3.1　金属膜、金属氧化膜电阻

1. 金属膜电阻

金属膜电阻就是以特种金属或合金作电阻材料，用真空蒸发或溅射的方法，在陶瓷或玻璃基体上形成电阻膜层的电阻器，也可以采用薄膜技术中掩膜蒸发的方法来形成电阻膜，电阻值的大小通过刻槽或改变金属膜的厚度来控制。金属膜电阻器的工作稳定性高，噪声低，但成本较高，通常使用在精度要求较高的场合。金属膜电阻外形如图 2-3 所示。

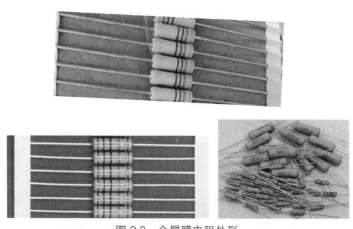

图 2-3　金属膜电阻外形

2. 金属氧化膜电阻

金属氧化膜电阻是在陶瓷基体上蒸发一层金属氧化膜，然后再涂一层硅树脂胶，使电阻的表面坚硬而不易破坏的电阻器。金属氧化膜电阻的电感很小，与同样体积的碳膜电阻相比，

其额定负荷大大提高。金属氧化膜电阻外形如图 2-4 所示。

图 2-4　金属氧化膜电阻外形

2.3.2　碳膜电阻

碳膜电阻是以碳膜作为基本材料，利用浸渍或真空蒸发形成的结晶电阻膜（碳膜）。电阻值的调整和确定通过在碳膜上刻螺纹槽来实现，电阻体的两端用镀锡铜丝和镀锡环来连接，属于通用型电阻。碳膜电阻外形如图 2-5 所示。

通用型电阻又称为普通电阻，功率一般为 0.1 ～ 10W，阻值为 10Ω ～ 10MΩ，工作电压一般在 1kV 以下，可供一般电子设备使用。

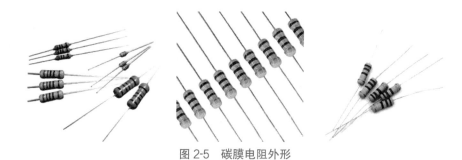

图 2-5　碳膜电阻外形

2.3.3　线绕电阻

线绕电阻是用康铜、锰铜或镍铬合金丝绕在陶瓷骨架上而制成的一种电阻。这种电阻表面涂以耐热、耐湿、耐腐蚀的不燃性涂料以起保护作用。线绕电阻外形如图 2-6 所示。

图 2-6　线绕电阻外形

2.3.4　水泥电阻

水泥电阻是将电阻线绕在无碱性耐热瓷体上，外面加上耐热、耐湿及耐腐蚀材料保护固定而成的。水泥电阻通常把电阻体放入方形瓷框内，用特殊不燃性耐热水泥（其实不是水泥而是耐火泥，这是俗称）填充密封而成。水泥电阻器有普通水泥电阻器和水泥线绕电阻器两类。它属于功率较大的电阻，能够允许较大电流的通过。水泥电阻外形如图 2-7 所示。

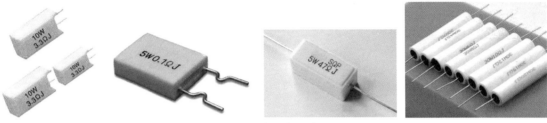

图 2-7　水泥电阻外形

2.3.5　微调可变电阻

微调可变电阻简称微调电阻，它的最大特点是阻值可变且无调整手柄，主要用于电子设备内部不需要经常调整的电路中，微调电阻外形如图 2-8 所示。

图 2-8　微调电阻外形

2.3.6　网络电阻

网络电阻又称排阻。网络电阻是一种将多个电阻按一定规律排列集中封装在一起而制成的复合电阻。排电阻器具有体积小、安装方便等优点，广泛应用于各种电子电路中，与大规模集成电路（如 CPU 等）配合使用。网络电阻外形如图 2-9 所示。

图 2-9　网络电阻外形

2.3.7 常见电阻的特点及用途

常见电阻的特点及用途如表 2-3 所示。

表 2-3 常见电阻的特点及用途

电阻类型	特点	用途
碳膜电阻（RT）	稳定性较好，呈现不大的负温度系数，受电压和频率影响小，脉冲负载稳定	价格低廉，广泛应用于各种电子产品中
金属膜电阻（RJ）	温度系数、电压系数、耐热性能和噪声指标都比碳膜电阻好，体积小，精度高 缺点：脉冲负载稳定性差，价格比碳膜电阻高	可用于要求精度高、温度性较好的电路中或电路中要求较为严格的场合
金属氧化膜电阻（RY）	比金属膜电阻有较好的抗氧化性和热稳定性，功率最大可达 50W 缺点：阻值范围小	价格低廉，与碳膜电阻价格差不多，但性能与金属膜电阻基本相同，有较高的性价比，特别是耐热性好，可用于稳定性较高的场合
线绕电阻（RX）	噪声小，不存在电流噪声和非线性，温度系数小，温度性好，精度高，耐热性好，工作温度可达 315℃，功率大 缺点：分布参数大，高频特性差	可用于电源电路中的分压电阻、泄放电阻等低频场合，不能用于 2～3MHz 以上的高频电路中
玻璃釉电阻（RI）	耐高温，阻值范围宽，温度系数小，耐湿性好，最高工作电压高（可达 15kV），又称为厚膜电阻	可用于环境温度高、温度系数小、要求噪声小的电路中
合成碳膜电阻（RH）	阻值范围宽，价廉，工作电压高 缺点：抗湿性差，噪声大，频率特性不好，电压稳定性低，主要用来制造高压、高阻电阻器	为了克服抗湿性差的缺点，常用玻璃壳封装制成真空兆欧电阻器，主要用于微电流的测试仪器和原子探测器
合成实心电阻（RS）	机械强度高，有较强的过载能力，可靠性能好，价廉 缺点：固有噪声较高，分布电容、分布电感较大，第一电压和温度稳定性差	不宜用于要求较高的电路中，但可作为普通电阻用于一般电路中

2.4
电位器

扫一扫 看视频

可变电阻通过调节转轴使它的输出电阻发生改变，从而达到改变电位的目的，故这种连续可调的电阻又称为电位器。

电位器共同的特点是都有一个或多个机械滑动接触端，通过调节滑动接触端即可改变电阻值，从而达到调节电路中的各种电压、电流值的目的。

2.4.1 电位器的分类

常见电位器的分类如图 2-10 所示。

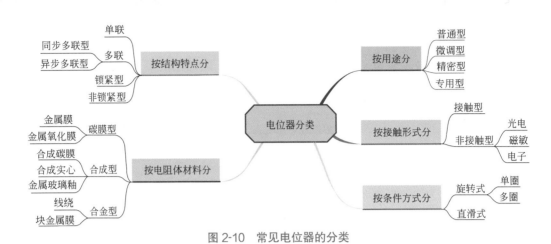

图 2-10　常见电位器的分类

1. 碳膜电位器

碳膜电位器是目前使用最多的一种电位器，其内部结构、外形图如图 2-11 所示。

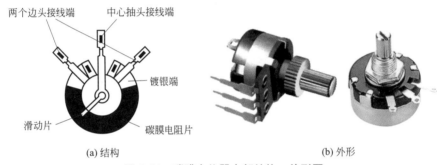

(a) 结构　　　　　　　　　　　　　　　(b) 外形

图 2-11　碳膜电位器内部结构、外形图

2. 线绕式电位器

线绕式电位器由圆柱形的绝缘体和绕在其上的电阻丝构成，通过滑动滑柄或旋转转轴实现电阻值的调节，属于功率型电阻器，线绕式电位器外形如图 2-12 所示。

图 2-12　线绕式电位器外形

3. 有机实心电位器

有机实心电位器是一种由导电材料与有机填料、热固性树脂配制成电阻粉，经过热压，在基座上形成的实心电阻体。它阻值范围宽，有较好的耐磨性，但噪声大，不适用于高频电

路。有机实心电位器外形如图 2-13 所示。

图 2-13　有机实心电位器外形

4. 金属玻璃釉电位器

金属玻璃釉电位器是一种以玻璃釉作为电阻材料的可调电子元件。它耐热性能好，阻值范围宽，不仅可以制成一般电路用的电位器，还可制成高压、高阻电位器；适用于高频电路。金属玻璃釉电位器外形如图 2-14 所示。

5. 金属膜电位器

金属膜电位器的电阻体可由合金膜、金属氧化膜、金属箔等分别组成。特点是分辨率高、耐高温、温度系数小、动噪声小、平滑性好。金属膜电位器外形如图 2-15 所示。

图 2-14　金属玻璃釉电位器外形　　　　　　图 2-15　金属膜电位器外形

6. 带开关电位器

带开关电位器是将开关与电位器合为一体的产品，通常用在需要对电源进行开关控制及音量调节的电路中，主要用在音响视听等电子产品中。电位器和开关是同轴的，一般有旋转式和推拉式，其外形如图 2-16 所示。

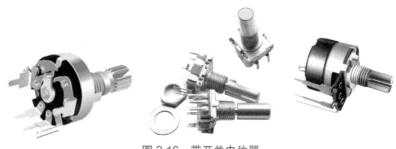

图 2-16　带开关电位器

7. 直滑式电位器

直滑式电位器外形结构如图 2-17 所示。

图 2-17　直滑式电位器外形

2.4.2　电位器的主要性能及用途

电位器的主要性能及用途如表 2-4 所示。

表 2-4　电位器的主要性能及用途

种类	性能	用途
合成碳膜电位器	①分辨率高，价格低 ②阻值范围宽，但功率不大，一般小于 2W	用于一般电路中
金属膜电位器	①分辨率高 ②阻值温度系数小，耐热性好 ③阻值范围窄，检测电阻大，耐磨性差 ④分布参数小，高频特性好	用于 100MHz 以下频率的电路中
金属氧化膜电位器	①耐碱、耐酸抗盐雾能力强 ②耐热性好 ③阻值范围窄，长期工作稳定性差	多用于大功率电路
线绕电位器	①接触电阻小，温度系数小 ②精度高，但分辨率低 ③功率大 ④温度稳定性好，耐热性好 ⑤噪声低，价格高 ⑥电阻体具有分布电容、分布电感，高频特性差	用于高精度电路及功率较大的电路
金属玻璃釉电位器	①耐温性、耐湿性好 ②阻值范围宽，寿命长 ③接触电阻变化大 ④分布参数小，高频特性好	适用于高阻、高压及射频电路
合成实心电位器	①结构简单，体积小 ②耐热性好，耐磨性好 ③功率较大 ④工作可靠性高	用于耐磨性、耐热性等要求较高的电路
多圈电位器	①体积小，但价格高 ②电压分辨率和行程分辨率高	用于精密微调电路

种类	性能	用途
带开关电位器	开关与电位器是一体的	可作为电路调节器兼电源开关
预调电位器	调节小，可直接焊接在印制板上	常用于三极管工作点的调节
直滑式电位器	形状结构为长条形，可美化面板	主要用于家用电器的某种调节
锁紧式电位器	可用锁紧方式使电位器的电阻值处于固定状态	用于不需要经常调节的电路或经常搬动的电子设备
双联、多联电位器	两个或多个电位器共用一个旋钮	用于低频衰减器或用于需要同步的电路

2.4.3 电位器的型号命名方法

根据我国的行业标准，电位器插排型号一般由下列四部分组成。

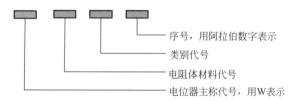

序号，用阿拉伯数字表示
类别代号
电阻体材料代号
电位器主称代号，用W表示

电位器电阻体材料代号用一个字母符号表示，如表 2-5 所示。

表 2-5 电位器电阻体材料代号

代号	H	S	N	I	X	J	Y	D	F
材料	合成碳膜	有机实心	无机实心	玻璃釉膜	线绕	金属膜	氧化膜	导电塑料	复合膜

电位器的类别代号用一个字母表示，如表 2-6 所示。

表 2-6 电位器的类别代号

代号	类别	代号	类别
G	高压类	D	多圈旋转精密类
H	组合类	M	直滑式精密类
B	片式类	X	旋转式低功率类
W	螺杆驱动预调类	Z	直滑式低功率类
Y	旋钮预调类	F	旋转功率类
J	单圈旋钮预调类	T	特殊类

电位器第四部分序号的意义同电阻。

型号示例：WXD3——多圈线绕电位器。

2.5 贴片电阻

2.5.1 片状元器件及其特点

表面贴装技术（SMT）是一种新型电子组装技术，它是包括表面安装元件（SMC）、表面安装器件（SMD）、表面安装印制电路板（SMB）等在线测试在内的一整套完整工艺技术的总称。习惯上人们把 SMC 和 SMD 统称为片状元器件。

片状元器件具有以下特点。

① 无引线或引线较短。

② 体积小，重量轻，因此可使元器件的安装密度大大提高，为电子设备的微型化创造了条件。

③ 高频特性好。

④ 易实现自动化大规模生产。

⑤ 寄生电容和电感小，增强了抗电磁干扰的能力。

⑥ 可降低印制电路板的费用，降低整机成本。

2.5.2 贴片电阻外形结构

贴片电阻又称为片式电阻、片状电阻、晶片电阻等，贴片电阻外形结构如图 2-18 所示。

贴片电阻外形最大特点：两端为银白色，中间大部分为黑色。

(a) 贴片电阻

(b) 贴片微调电阻　　　　　　　　　　(c) 贴片电位器

(d) 贴片电阻的包装

图 2-18　贴片电阻外形结构

2.5.3 贴片电阻分类

贴片电阻的分类如图 2-19 所示。

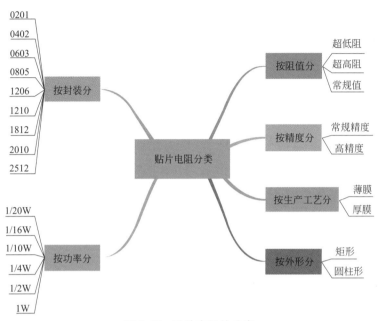

图 2-19 贴片电阻的分类

2.6
零电阻

扫一扫 看视频

　　零电阻是一种阻值很小的电阻，实际上，零电阻阻值在理论上为零，在电路里常用作模拟地和数字地、预留电流测量口、过流保险电阻，PCB 上布线时作为桥线等。零电阻的外形如图 2-20 所示。

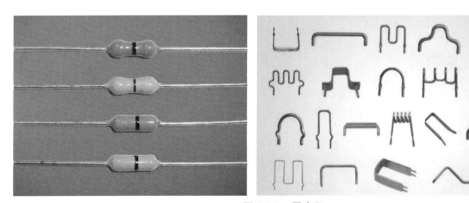

图 2-20 零电阻

2.7
电阻的主要特性参数

2.7.1 标称阻值和允许误差

1. 标称阻值

为了便于生产和使用，国家统一规定了一系列阻值作为电阻阻值的标准，这一系列阻值就叫作电阻的标称阻值。标称阻值通常是指电阻体表面上标注的电阻值，简称阻值。常用的标称电阻值系列如表 2-7 所示。E24、E12 和 E6 系列也适用于电位器和电容器。

表 2-7　标称电阻值系列

系列	精度等级	标称电阻值
E24	±5%	1.0、1.1、1.2、1.3、1.5、1.6、1.8、2.0、2.2、2.4、2.7、3.0、3.3、3.6、3.9、4.3、4.7、5.1、5.6、6.2、6.8、7.5、8.2、9.1
E12	±10%	1.0、1.2、1.5、1.8、2.2、2.7、3.3、3.9、4.7、5.6、6.8、8.2
E6	±20%	1.0、1.5、2.2、3.3、4.7、6.8

表中数值再乘以 10^n，其中 n 为正整数或负整数。

精密电阻（电位器）的标称阻值还有 E192、E96、E48 等系列。

2. 允许误差等级

电阻的允许误差等级如表 2-8 所示。

表 2-8　电阻的误差等级

允许误差 /%	±0.001	±0.002	±0.005	±0.01	±0.02	±0.05	±0.1
等级符号	E	X	Y	H	U	W	B
允许误差 /%	±0.2	±0.5	±1	±2	±5	±10	±20
等级符号	C	D	F	G	J（Ⅰ）	K（Ⅱ）	M（Ⅲ）

2.7.2 额定功率

电阻在电路中长时间连续工作而不损坏，或不显著改变其性能所允许消耗的最大功率称为电阻的额定功率。电阻额定功率的标注方法如图 2-21 所示。

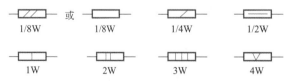

图 2-21　电阻额定功率的标注方法

2.7.3 电位器的主要参数

1. 标称阻值

电位器外壳上标注的阻值叫标称阻值，是电位器两固定引脚之间的阻值，一般称为电位器的最大阻值。

2. 额定功率

电位器的两个固定端允许耗散的最大功率为电位器的额定功率。使用中滑动端与固定端之间所承受的功率要小于额定功率。

3. 阻值变化特性

阻值变化特性是指电位器的阻值随转轴旋转角度的变化关系。常见的电位器阻值变化规律有直线式（X 型）、指数式（Z 型）、对数式（D 型）三种形式，三种电位器转角与阻值的变化规律如图 2-22 所示。

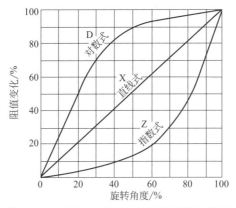

图 2-22　三种电位器转角与阻值的变化规律

电位器各种阻值变化规律的特点及应用场合如表 2-9 所示。

表 2-9　电位器各种阻值变化规律的特点及应用场合

类型	特点	应用场合
A（X 型直线式）	阻值变化与转角成线性关系，单个长度的阻值相等，单位面积所允许承受的功率大致相同	适用于要求均匀调节阻值的场合，如分压电路等
B（Z 型指数式）	电位器在开始转动时，阻值变化较小，而在转角接近最大转角一端时，阻值变化比较显著	适用于音量控制电路，以适应耳听觉的需要
C（D 型对数式）	电位器在开始转动时，阻值变化很大，而在转角接近最大转角一端时，阻值变化比较缓慢	适用于音量调制电路

4. 滑动噪声

由于电阻体阻值分布的不均匀性和滑动触点接触电阻的存在，当电位器在外加电压作用下，滑动触点在电阻体上移动时会产生噪声，这种噪声对电子设备的工作将产生不良影响。

2.8 电阻的标识方法

扫一扫 看视频　　扫一扫 看视频

2.8.1　直标法

直标法就是将电阻的类别、标称阻值、允许偏差及额定功率等直接标在电阻体上。未标误差的电阻为 ±20% 的允许误差。电阻直标法如图 2-23 所示。

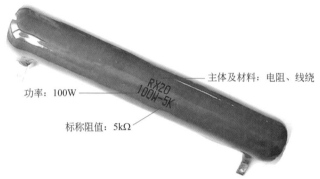

功率：100W

标称阻值：5kΩ

主体及材料：电阻、线绕

图 2-23　电阻直标法

2.8.2　文字符号法

文字符号法就是将电阻的标称值和误差用数字和文字符号按一定的规律组合标识在电阻体上的方法。为了解决数值中的小数点印刷不清或被遗漏的问题，常常用电阻的单位来取代小数点，如 5.7kΩ 标注为 5k7，3300MΩ 标注为 3G3，0.1Ω 标注为 R10，1.5Ω 标注为 1R5。

2.8.3　色标法

色标法是用不同颜色的色带或色点标注在电阻体表面上的方法，以表示电阻的标称阻值和允许误差。色标电阻（色环电阻）可分为四色环、五色环两种标法。各种颜色所表示的意义如表 2-10 所示。

表 2-10　电阻色标法各种颜色所表示的意义

颜色	有效值数字	倍率	允许偏差
黑	0	10^0	—
棕	1	10^1	±1%
红	2	10^2	±2%
橙	3	10^3	—
黄	4	10^4	—
绿	5	10^5	+5%

颜色	有效值数字	倍率	允许偏差
蓝	6	10^6	±0.25%
紫	7	10^7	±0.1%
灰	8	10^8	—
白	9	10^9	±5%，−20%
金	—	10^{-1}	±5%
银	—	10^{-2}	±10%
无色	—	—	±20%

快速识别色环电阻的要点是熟记色环所代表的数字含义，为方便记忆，色环代表的数值顺口溜如下：

> 1棕2红3为橙，4黄5绿在其中。
> 6蓝7紫随后到，8灰9白黑为0。
> 尾环金银为误差，数字应为5/10。

1. 四色环电阻的识读

四色环电阻识读示例：色环为棕黑棕金表示 $10×10^1\Omega=100\Omega±5\%$ 的电阻，如图2-24所示。

2. 五色环电阻的识读

五色环电阻识读示例：色环为棕红黑黑金表示 $120×10^0\Omega=120\Omega±5\%$ 的电阻，如图2-25所示。

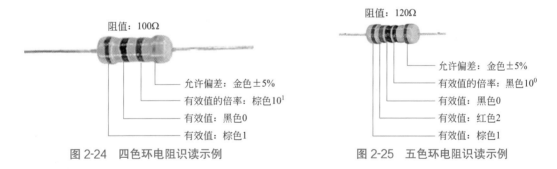

图2-24　四色环电阻识读示例　　　　图2-25　五色环电阻识读示例

3. 色环首尾的判断

色环电阻无论是采用三色环，还是四色环、五色环，关键色环是第三环或第四环（即尾环），因为该色环的颜色代表电阻值有效数字的倍率。

一般四色环和五色环电阻表示允许误差的色环的特点是该色环与其他环的距离较远，如图2-26所示；较标准的表示应是表示允许误差的色环的宽度是其他色环的1.5～2倍；对于四色环，金、银色环为尾环。

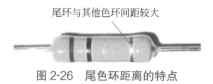

图 2-26　尾色环距离的特点

尾环与其他色环间距较大

2.8.4　数码法

在电阻体的表面用 2 ～ 4 位数字加 R 来表示标称值的方法称为数码表示法。该方法常用于贴片电阻、排阻等。电阻数码表示法如图 2-27 所示。

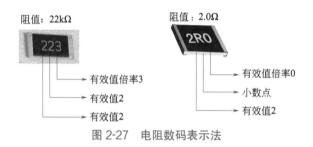

阻值：22kΩ

阻值：2.0Ω

有效值倍率3
有效值2
有效值2

有效值倍率0
小数点
有效值2

图 2-27　电阻数码表示法

> **注意**　需要注意的是，要将这种标注法与直标法区别开，如标注为 220 的电阻，其阻值为 22Ω，只有标注为 221 的电阻，其阻值才为 220Ω。

有些贴片电阻标注为 R 后加三位有效数字，例如：标注为 R050 的电阻其阻值为 0.05Ω，如图 2-28 所示，R 表示电阻值的小数点。

图 2-28　R 为小数点

2.9
电阻的常见故障

扫一扫 看视频

2.9.1　断路

电阻断路有的是可以用观察法检查出来的，例如引脚断裂或脱落、表面已经烧焦等；有的必须用万用表进行测量才能判断。断路的最大特点是阻值为"无穷大"。

2.9.2　阻值变化

阻值变化就是实际阻值与标称阻值相差较大。在实际使用时，一般都是阻值变大居多。电阻的这种故障是无法修复的，只能更换新的电阻。

2.9.3　接触不良

电阻接触不良是常见性故障，固定式电阻接触不良一般是内部造成的；电位器接触不良一般是碳膜磨损严重或引脚与内部铆接部位松动等造成的。对于电阻的接触不良，一般是更换新电阻或电位器。

2.10
电阻的检测

扫一扫 看视频

2.10.1　固定电阻的检测

1. 通孔固定电阻的检测

通孔固定电阻的检测方法和步骤可参看第1章之有关内容，这里不再赘述。这里只给出一个总结。

若万用表测得的阻值与电阻标称阻值相等或在电阻的误差范围之内，则电阻正常；若两者之间出现较大偏差，即万用表显示的实际阻值超出电阻的误差范围，则该电阻不良；当万用表测得电阻值为无穷大（断路）、阻值为零（短路）或不稳定，则表明该电阻已损坏，不能再继续使用。

> **❶ 数字万用表测量电阻时注意事项**
>
> 如果电阻值超过所选挡位值，则万用表显示屏的左端会显示"1"，这时应将开关转至较高挡位上。
>
> 当测量电阻值超过 1MΩ 时，显示的读数需几秒才会稳定，这是用数字式万用表测量时出现的正常现象，这种现象在测高电阻值时经常出现。

2. 贴片电阻的检测

（1）贴片电阻外观检查

贴片电阻同样也可以通过观察法检查，如果贴片电阻表面二次玻璃体保护膜出现脱落、表面有一些"凸凹"、引出端电极出现脱落现象、表面颜色烧黑、外形变形等，都是有可能损坏的。

（2）贴片电阻的检测技巧

由于贴片元件非常细小，用普通万用表表笔测量时，因表笔比较粗，测量时就显得有些不方便，而且容易造成短路及判断不正确，有的还需要把绝缘层刮掉，费时而且减少了元器件的绝缘性能。建议购买优质的"细尖"型表笔，如图 2-29 所示。

也可以根据实际经验对万用表的两副表笔进行改进。首先应备用两只小号鳄鱼夹，测试时可以把鳄鱼夹插在表笔上，如图 2-30（a）所示；再用鳄鱼夹夹住最小号的缝衣针，如图 2-30（b）所示。这样，在检测时就可以刺破绝缘涂层，直抵电极金属部位，而且操作也方便多了。

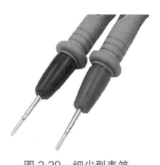

图 2-29　细尖型表笔

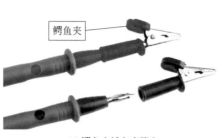

（a）鳄鱼夹插在表笔上

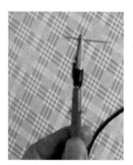

（b）用鳄鱼夹夹住缝衣针

图 2-30　表笔的改进

2.10.2　微调电阻、电位器的检测

微调电阻与电位器的检测方法基本上是相同的，下面以电位器的检测为例。

1. 测量前的观察

检测电位器前，先初步用观察法进行外观检查。首先要转动旋柄，看旋柄转动是否平滑，并听一听电位器内部接触点和电阻体摩擦的声音，如有较响的"沙沙"声或其他噪声，则说明质量欠佳。一般情况下，旋柄转动时应该稍微有点阻尼，既不能太"死"，也不能太灵活。若带开关，看开关是否灵活，开关通、断时"咔嗒"声是否清脆等。

2. 测量电位器的标称阻值及变化阻值

用万用表测试时，先根据被测电位器阻值的大小，选择好万用表的合适电阻挡位，然后用万用表的欧姆挡测"1""3"两端，其读数应为电位器的标称阻值，如万用表的指针不动或阻值相差很多，则表明该电位器已损坏。电位器标称阻值测量示意图如图 2-31（a）所示。

检测电位器的活动臂与电阻片的接触是否良好，如图 2-31（b）所示。用万用表的欧姆挡测"1""2"（或"2""3"）两端，将电位器的转轴按逆时针方向旋至接近"关"的位置，这时电阻值越小越好。再顺时针慢慢旋转轴柄，电阻值应逐渐增大，表头中的指针应平稳移动。当轴柄旋至极端位置"3"时，阻值应接近电位器的标称值。如万用表的指针在电位器的轴柄转动过程中有跳动现象，说明活动触点有接触不良的故障。

②读数
①选择挡位
③测量两个边头

（a）电位器标称阻值测量示意图

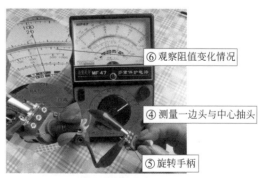

⑥观察阻值变化情况
④测量一边头与中心抽头
⑤旋转手柄

（b）检测电位器的活动臂与电阻片的接触

图 2-31　电位器测量示意图

3. 检测开关是否良好

带开关电位器的开关检查前，应旋动或推拉电位器柄，随着开关的断开和接通，应有良好的手感，同时可听到开关触点弹动发出的响声。然后将万用表调至欧姆挡，两表笔分别接触电位器开关两引脚，再旋转轴柄，使开关从"开"至"关"，同时观察万用表所测阻值。正常情况下，当开关接通时，测量阻值应为零或接近零；当开关断开时，测量阻值应为无穷大，如图 2-32 所示。若开关在"开"的位置，阻值不为零，则说明内部开关触点接触不良；若开关在"关"的位置，阻值不为无穷大，则说明内部开关已失控。

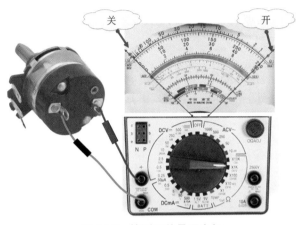

图 2-32 检测开关是否良好

2.11
电阻、电位器的选用、代换和使用注意事项

2.11.1 电阻的选用、代换

1. 电阻的选用

（1）根据不同的用途和场合选择

一般的家用电器和普通的电子设备，可选用通用型的电阻。军工及特殊场合使用的电子产品，应选用精密型和其他特殊电阻。

（2）选择系列标称值

如根据电路计算需要 1.7kΩ 的电阻，但系列中没有该电阻，我们就可以选用 1.6kΩ 或 1.8kΩ 的电阻。

（3）对工作频率的考虑

线绕电阻的分布参数较大，即使采用无感绕制的线绕电阻，其分布参数也比非线性电阻大得多，因而线绕电阻不适合在高频电路中工作。在低于 50kHz 的电路中，由于电阻的分布参数对电流工作影响不大，可选用线绕电阻。

在低噪声（如前置放大电路）和高频电路中，应优先考虑选用贴片电阻，其次为金属膜电阻，而且功率减额应更充分一些，以降低热噪声。

在高达数百兆赫的高频电路中选用碳膜电阻、金属膜电阻和金属氧化膜电阻。在超高频电路中，应选用超高频碳膜电阻。

（4）对温度的考虑

应针对电路稳定性的要求，选用不同温度特性的电阻。电阻的温度系数越大，它的阻值随温度变化越显著；温度系数越小，其阻值随温度变化越小。

金属膜电阻稳定性好，额定工作频率温度高（+70℃），高频特性好，噪声电动势小，在高频电路中应优先选用。对于电阻值大于 1MΩ 的碳膜电阻，由于其稳定性差，应用金属膜电阻代替。

实心电阻的温度系数较大，不适合使用在稳定性要求较高的电路中。碳膜电阻、金属膜电阻、金属氧化膜电阻及玻璃釉电阻等的温度系数小，很适合用在温度性要求较高的电路中。

（5）对功率的要求

为保证安全使用，一般选其额定功率比它在电路中消耗的功率高 1～2 倍。

对于要求耗散功率大、阻值不高、工作频率不高，而精度要求较高的电阻，应选用线绕电阻。

在某些场合，为满足功率的要求，可将电阻串并联使用。对于在脉冲状态下工作的电阻，额定功率应选用大于脉冲平均功率。

2. 电阻的代换原则及技巧

① 电阻在代换时应遵循就高不就低、就大不就小的原则，即用质量高的电阻代替原质量低的电阻。

② 在安装许可的情况下，大功率可以代换同阻值小功率的电阻。小功率电阻代换大功率电阻时，可采用串联或并联的方法。

③ 多个电阻串联、并联或混联可以代换固定电阻。用阻值较小的电阻串联，代换大阻值的电阻，或用阻值大的电阻并联代换小阻值的电阻。

④ 精密电阻可以代换普通电阻；五色环的电阻可以代换四色环的电阻。而后者一般不能代换前者。

⑤ 在安装方便的情况下，微调电阻可以代换固定电阻。

⑥ 在印制板许可的情况下，通孔电阻与贴片电阻可以互相代换。

⑦ 保险电阻的代换。保险电阻损坏后，若无同型号的，可用与其主要参数相同的其他型号代换之或电阻与熔丝串联后代用。用电阻与熔丝串联来代换时，电阻的阻值应与损坏的保险电阻的阻值和功率相同，而熔丝的额定电流可依据如下公式进行计算：

$$I = \sqrt{0.6P/R}$$

式中，P 为原保险电阻的额定功率；R 为原保险电阻的阻值。

对电阻较小的保险电阻，应急也可采用熔丝直接代换。

⑧ 对于静态调试工作点电路的电位器可以用固定电阻代换。

2.11.2 **电阻使用注意事项**

① 电阻在使用前，应对电阻的阻值及外观进行检查，将不合格的电阻剔除掉，以防电路存在隐患。

② 电阻在安装时，其引脚不要从根部打弯或成型，以防折断。

③ 较大功率的电阻应采用支架或螺钉固定，以防松动造成短路；同时要考虑散热问题（保证有散热的空间）及对周围元器件的热影响。

④ 在存放和使用电阻时，都应保证电阻外表漆膜的完整，以免降低它们的防潮性能。

⑤ 当需要测量电路中的电阻时，要在电路断开电源的情况下至少脱开一个引脚进行阻值的测量，否则，电路中的其他元器件与电阻形成混联会造成误判。

⑥ 在更换电阻时，一定要查明原因，以免将故障扩大。

2.11.3　电位器的选用、代换

1. 电位器的选用

（1）根据使用要求选用类型

在一般要求不高的电路中或使用环境较好的场合，应选用合成膜电位器。如果电路需要精密地调节，而且消耗的功率较大，就选用线绕电位器。电路要求频率较高和精密时，要选用金属玻璃釉电位器。

（2）根据用途选择阻值变化特性

应根据用途来选用电位器阻值变化特性，例如，音量电位器应选用指数式电位器，分压电路应选用直线式电位器，音调控制电路应选用对数式电位器。

（3）根据电路的要求选择参数

电位器的主要参数有标称阻值、额定功率、最高工作电压、线性精度及机械寿命等，它们是选用电位器的依据。

（4）对结构的选用

电位器的结构主要有尺寸的大小、轴柄的长度及轴端式样等，此外还要考虑是否需要锁紧开关、单刀还是多刀、单联还是多联、单圈还是多圈、是否带开关等。

2. 电位器的代换原则及技巧

① 更换电位器时最好选用型号和阻值与原电位器相同的电位器。

② 没有原型号时，可选用相似阻值和型号的电位器代换。

③ 代换的电位器阻值允许增值变化 20% ～ 30%，额定功率一般不得小于原电位器额定功率。

2.11.4　电位器使用注意事项

① 在使用前应先对电位器的质量进行检查。就是先看外观及转动情况，再测量其阻值。

② 有接地引脚的电位器，一般要求是要接地的，以防外界的干扰。

③ 由于电位器的一些零件是用聚碳酸酯等合成树脂制成的，所以不要在化学浓度较大的环境中使用，以延长电位器的使用寿命。

④ 电位器不要在超负载情况下使用，要在额定值内使用，以防止过流而烧毁。

⑤ 电流流过高阻值电位器时产生的电压降，不得超过电位器所允许的最大工作电压。

⑥ 在安装时，应考虑电位器的调节方便而又不影响相邻元器件。

第 3 章
电　容

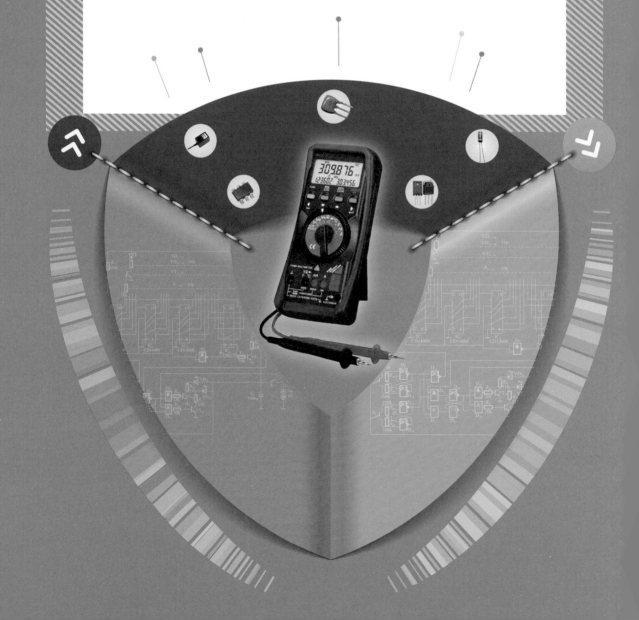

3.1

电容的作用、图形符号及单位

1. 电容的作用

电容器是最常见的电子器件之一，通常简称为电容。电容是由两个金属导体和其中间填充的绝缘物质构成的，从两个金属导体又分别引出两个引线。

电容最基本的特性是存储电荷。当电容两端的电压一定时，电容的容量越大，它所储存的电荷量也越大。使电容带电的过程叫充电，使电容失电的过程叫放电。因此，电容在储存了电荷的同时也储存了能量。

电容具有隔直流、通交流的作用。当电容接通直流电源时，仅在刚接通的短暂时间内发生充电过程，在电路中形成短暂的充电电流。充电结束后，因电容两端的电压等于电源电压，电路中没有电荷移动，电流为零，相当于电容把直流电流隔断，这就是电容具有的隔直流的作用，简称"隔直"。当电容接通交流电源时，由于交流电的大小和方向随时间不断变化，使得电容反复地进行充、放电，在电路中形成持续的充、放电电流，相当于交流电流能够通过电容器，这就是电容具有的通交流的作用，简称"通交"。但必须指出，这里的交流电流是电容反复充、放电形成的，并非电荷真能够直接通过电容的介质。

电容两端的电压不会发生突变。这是因为电容两极板上的电荷只能逐步积累或逐渐减小，不会发生突变，因此，电容两端的电压也不可能发生突变。

电容在电路中，常用来滤波、耦合、振荡、旁路、隔直、调谐、计时等。

2. 电容的图形符号

电容在电路原理图中一般用字母"C"表示，常用电容在电路原理图中的图形符号如图 3-1 所示。

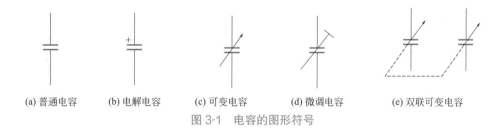

(a) 普通电容　　(b) 电解电容　　(c) 可变电容　　(d) 微调电容　　(e) 双联可变电容

图 3-1　电容的图形符号

3. 电容的单位

电容量大小的基本单位是法拉（F），简称法。常用单位还有毫法（mF）、微法（μF）、纳法（nF）、皮法（pF）。

$$1 \text{ 法拉（F）} = 1 \times 10^3 \text{ 毫法（mF）}$$
$$= 1 \times 10^6 \text{ 微法（μF）}$$
$$= 1 \times 10^9 \text{ 纳法（nF）}$$
$$= 1 \times 10^{12} \text{ 皮法（pF）}$$

扫一扫 看视频

3.2
电容的型号命名方法

根据我国标准的有关规定，电容的型号命名一般由四部分组成（见图3-2）。

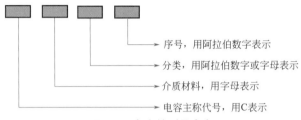

序号，用阿拉伯数字表示
分类，用阿拉伯数字或字母表示
介质材料，用字母表示
电容主称代号，用C表示

图 3-2　电容的型号命名

电容介质材料代号用字母表示，如表3-1所示。电容的分类表示方法如表3-2所示。

表 3-1　电容介质材料代号

代号	介质材料	代号	介质材料
A	钽电解	J	金属化纸介
B	聚苯乙烯	L	聚酯（涤纶）等极性有机薄膜
BB[①]	聚丙烯	LS[②]	聚氨酯
BF[①]	聚四氟乙烯	N	铌电解
C	高频陶瓷	O	玻璃膜
D	铝电解	Q	奇膜
E	其他材料电解	S, T	低频陶瓷
G	合金电解	V, X	云母纸
H	复合介质（如纸薄膜复合等）	Y	云母
I	玻璃釉	X	纸介

①用 B 表示除聚苯乙烯外其他非极性有机薄膜材料时，在 B 后面再加一个字母以区分具体的介质材料。区分具体材料的字母由型号管理部门确定。

②用 L 表示除聚酯外其他非极性有机薄膜材料时，在 L 后面再加一个字母以区分具体的介质材料。区分具体材料的字母由型号管理部门确定。

表 3-2　电容的分类表示方法

表示产品特征的数字或字母	电容类别			
	瓷介电容	云母电容	有机薄膜电容	电解电容
1	圆片	非密封	非密封	箔式
2	管型	非密封	非密封	箔式
3	叠片	密封	密封	烧结粉、液体
4	独石	密封	密封	烧结粉、固体
5	穿心	—	穿心	—
6	支柱等	—	—	—

表示产品特征的数字或字母	电容类别			
	瓷介电容	云母电容	有机薄膜电容	电解电容
7	—	—	—	无极性
8	高压	高压	高压	—
9	—	—	特殊	特殊
J	高功率	—	—	—
W	微调	微调	—	小型

电容器命名示例：

① CD-11：铝电解电容（箔式），序号为11；

② CC1-1：圆片形瓷介电容，序号为1；

③ CBB11：非密封聚丙烯电容，序号为1。

3.3
电容的分类

扫一扫 看视频

电容常见的分类如图 3-3 所示。

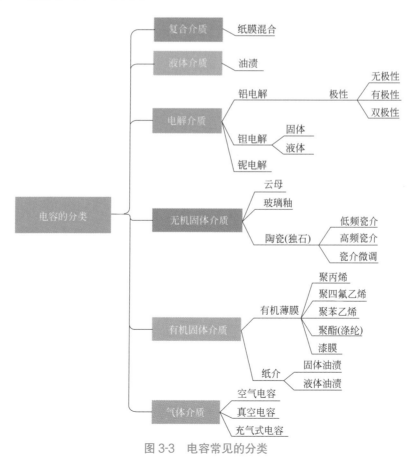

图 3-3　电容常见的分类

3.3.1　纸介质、金属化纸介质电容

纸介电容用特制的电容纸作为介质，铝箔或锡箔作为电极并卷成圆柱形，然后接出引脚，再经过浸渍处理，用外壳封装或环氧树脂灌装而成。它的外形及结构如图3-4所示。

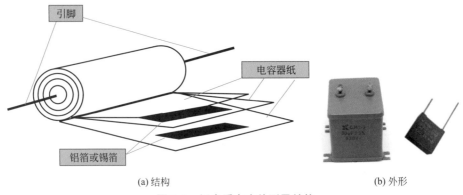

(a) 结构　　　　　　　　　　　　　　　　(b) 外形

图 3-4　纸介质电容外形及结构

纸介油浸电容（CZJ）体积较大，容量也较大，一般为铁壳密封式封装，耐压值较大。

金属化纸介质电容是在涂有醋酸纤维漆的电容器纸上再蒸发一层厚度为 1.1μm 的金属膜作为电极，然后用这种金属化的纸卷绕芯子，端面喷金，装上引脚放入外壳封装而成的。金属化纸介电容外壳为塑壳，耐压值较高，通常 ≥ 400V。

3.3.2　瓷介质电容

瓷介质电容是以陶瓷材料作为绝缘介质的，它的电极是在瓷片表面用烧结渗透的方法形成银层而构成的。瓷介质电容体积小、耐热性好、绝缘电阻高、稳定性较好，适用于高低频电路。瓷介质电容外形结构如图3-5所示。

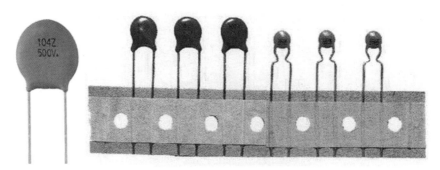

图 3-5　瓷介质电容外形结构

3.3.3　云母电容

云母电容以云母为介质，电极有金属箔式的和金属膜式的，外壳有陶瓷的和塑料的。云母电容具有损耗小、绝缘电阻大、温度系数小、电容量精度高、频率特性好等优点，但成本较高、电容量小，适用于高频线路。云母电容外形结构如图3-6所示。

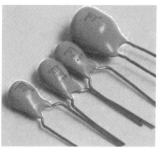

图 3-6 云母电容外形结构

3.3.4 玻璃釉电容

玻璃釉电容使用的介质一般是玻璃釉粉压制的薄片，通过调整釉粉的比例，可以得到不同性能的电容。玻璃釉电容介电系数大、耐高温、抗潮湿性强、损耗低。

玻璃釉电容适合在交、直流电路或脉冲电路中使用。玻璃釉电容外形结构如图 3-7 所示。

图 3-7 玻璃釉电容外形结构

3.3.5 有机薄膜电容

有机薄膜电容属于无极性电容。制造有机薄膜电容器的种类多达十几个，以聚苯乙烯、聚四氟乙烯、聚酯（涤纶）、聚丙烯、聚碳酸酯有机薄膜电容最为常见。

薄膜电容是以金属箔或金属化薄膜当电极，将其和聚乙酯、聚丙烯、聚苯乙烯或聚碳酸酯等塑料薄膜从两端重叠后卷绕成圆筒状制成的。依塑料薄膜的种类又分别称为聚乙酯（又称为 Mylar 电容）、聚丙烯（又称为 PP 电容）、聚苯乙烯（又称为 PS 电容）和聚碳酸酯。

薄膜电容具有体积小、容量大、稳定性比较好、绝缘阻抗大、频率特性优异（频率响应宽广）等特点，而且介质损失很小。薄膜电容广泛使用在模拟信号的交连、电源噪声的旁路、谐振等电路中。

1. 聚酯电容

聚酯电容就是常说的涤纶电容，又称为聚对苯二甲酸乙二酯电容。聚酯电容耐热性较好，能在 120 ~ 130℃下稳定工作，不宜在高频电路中使用。聚酯电容外形结构如图 3-8 所示。

图 3-8　聚酯电容外形结构

2. 聚苯乙烯电容

聚苯乙烯电容成本低、损耗小、精度高、绝缘电阻大、温度系数小、耐低温、高频特性较差，充电后的电荷量能保持较长时间不变。

聚苯乙烯电容的种类也较多，有以 CB11 型、CB10 型为代表的普通聚苯乙烯电容，以 CB14 型、CB15 型为代表的精密聚苯乙烯电容，以 CB40 型为代表的密封型金属聚苯乙烯电容，以 CB80 型为代表的高压聚苯乙烯电容等。聚苯乙烯电容外形结构如图 3-9 所示。

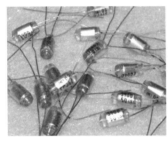

图 3-9　聚苯乙烯电容外形结构

3.3.6　铝电解电容

铝电解电容是有极性的电容器，它的正极板用铝箔，铝箔表面的氧化铝为介质，负极是由电解质构成的，其结构外形如图 3-10 所示。

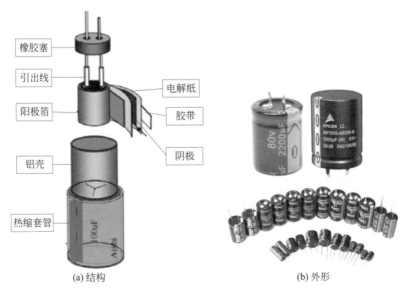

橡胶塞
引出线
电解纸
阳极箔
胶带
阴极
铝壳
热缩套管

(a) 结构　　　　　　　　　　(b) 外形

图 3-10　铝电解电容结构外形图

铝电解电容之所以有极性，是因为正极板上的氧化铝膜具有单向导电性，只有在电容器的正极接电源的正极，负极接电源的负极时，氧化铝膜才能起到绝缘介质的作用。如果将铝电解电容的极性接反，氧化铝膜就变成了导体，电解电容不但不能发挥作用，还会因有较大的电流通过，造成过热而损坏电容。

铝电解电容体积大、容量大，与无极性电容相比绝缘电阻低、漏电流大、频率特性差，容量与损耗会随周围环境和时间的变化而变化，特别是在温度过低或过高的情况下，且长时间不用还会失效。铝电解电容仅限于低频、低压电路。

3.3.7 钽电解电容

钽电解电容属于有极性电容，它是以钽金属片为正极，其表面的氧化钽薄膜为介质，二氧化锰电解质为负极制成的电容。钽电解电容有固体钽电解电容和液体钽电解电容两种。钽电解电容结构外形如图 3-11 所示。

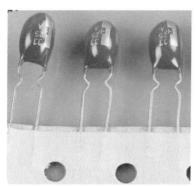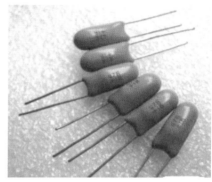

图 3-11　钽电解电容结构外形图

由于钽电解电容采用颗粒很细的钽粉烧结成多孔的正极，所以单体积内的有效面积大，而且钽氧化膜的介电常数比铝氧化膜介电常数大，因此在相同耐压和容量的条件下，钽电解电容的体积比铝电解电容的体积要小得多。

钽电解电容的温度特性、频率特性和可靠性都较铝电解电容要好，漏电流极小、电荷储存能力高、误差小、寿命长，但价格昂贵，适用于高精密的电子电路中。

3.3.8 可调电容

可调电容是指容量在一定范围内可改变的电容器。可调电容按其容量的调节范围可分为两大类，即可变电容和微调电容，其中微调电容又称为板可变电容。可变电容的介质一般采用空气介质和薄膜介质，而微调电容有空气介质、薄膜介质及陶瓷介质等形式。

1. 单联可变电容

单联可变电容由两组平行的铜或铝金属片组成，一组是固定的（定片），另一组固定在转轴上，是可以转动的（动片）。动片随转轴转动时，可旋转进入定片的空隙内，两个极板的相对面积发生变化，电容的电容量也随之变化。单联可变电容结构外形如图 3-12 所示。

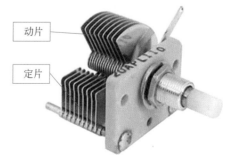

图 3-12　单联可变电容外形结构图

2. 双联可变电容

双联可变电容是由两个单联可变电容组合而成的，有两组定片和两组动片，动片连接在同一转轴上。调节时，两个可变电容的电容量同步调节。

空气可变电容的定片和动片之间的电介质是空气。特点是制作方便、成本低、绝缘电阻大、损耗小、稳定性好、高频特性好、静电噪声小、体积较大等。

有机薄膜可变电容的定片和动片之间填充的电介质是有机薄膜，特点是体积小、成本低、容量大、温度特性较差等。双联可变电容外形结构如图 3-13 所示。

(a) 空气双联   (b) 有机薄膜双联

(c) 有机薄膜四联

图 3-13 双联可变电容外形结构

3. 微调电容

微调电容又叫半可调电容，电容量可在小范围内调节。微调电容外形结构如图 3-14 所示。

图 3-14 微调电容外形结构

3.4
贴片电容

扫一扫 看视频

3.4.1 贴片电容外形结构特点

1. 贴片式多层陶瓷电容

贴片式多层陶瓷电容是在若干片陶瓷薄膜坯上覆盖以电极浆材料，叠合后一次烧结成一块不可分割的整体，外面再用树脂包封而成的。贴片式多层陶瓷电容外形结构如图3-15所示。

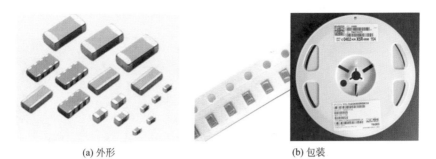

(a) 外形　　　　　　　　　　　　(b) 包装

图 3-15　贴片式多层陶瓷电容外形结构

普通贴片电容的识别：普通贴片电容的两端一般是银白色，中间为褐色，如图3-16所示。贴片电容多为灰色、黄色、青灰色。只有贴片钽电容是黑色的。

图 3-16　普通贴片电容的识别

2. 贴片式铝电解电容

贴片式铝电解电容是由阳极铝箔、阴极铝箔和衬垫卷绕而成的。贴片式铝电解电容外形结构如图3-17所示。

图 3-17　贴片式铝电解电容外形结构

3. 贴片式钽电解电容

贴片式钽电解电容有矩形的，也有圆柱形的，封装形式有裸片型、塑封型和端帽型三种，以塑封型为主。它的尺寸比贴片式铝电解电容器小，并且性能好，如漏电小、负温性能好、等效串联电阻小、高频性能优良。贴片式钽电解电容外形结构如图3-18所示。

(a) 外形　　　　　　　　　　　　(b) 包装

图 3-18　贴片式钽电解电容外形结构

4. 贴片式微调电容

贴片式微调电容外形结构如图 3-19 所示。

图 3-19 贴片式微调电容外形结构

3.4.2 贴片电容分类

贴片电容分类如表 3-3 所示。

表 3-3 贴片电容分类

类型	分类标准	分类	解说		
贴片电容	极性	无极性	封装有 0805、0603 等		
		有极性（又可分为 A、B、C、D 四系列）	类型	耐压 /V	封装形式
			A	10	3216
			B	16	3528
			C	25	6032
			D	35	7443
多层陶瓷电容	材料	系列 1	系列 1 是温度补偿性贴片电容。该类型的电容一般是由钛酸盐混合物构成的，具有可预见温度系数，无老化特性。因此是最稳定的电容		
		系列 2	系列 2 是温度稳定型和普通应用类型。它是由钛酸钡化合物组成的。该系列电容有很大的温度稳定性、电容容量。最常用的系列 2 电解电容有 Y5V、X7R、X5R、X6S 等		
		系列 3			
薄膜贴片电容	材料	聚酯贴片电容			
		聚丙烯贴片电容			
		聚碳酸酯贴片电容			
		聚乙烯贴片电容			
铝钽贴片电容	材料	TANTAL	固体钽电容具有使用温度范围宽、耐高温、体积小、寿命长、绝缘电阻高、漏电流小、容量误差小、等效串联电阻小、高频小功率等优点，但是具有电流小、耐压不高等缺点		
		AL			

3.4.3 贴片陶瓷电容的型号说明

贴片陶瓷电容的型号说明如图 3-20 所示，型号说明中的某些含义如表 3-4 所示。

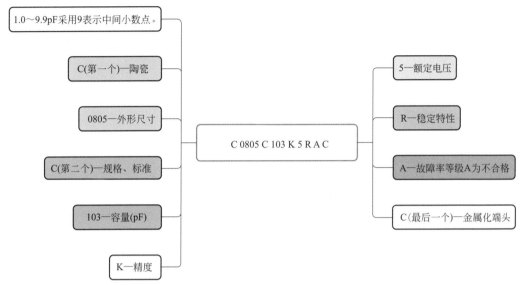

图 3-20 贴片陶瓷电容的型号说明

表 3-4 贴片陶瓷电容型号说明的某些含义

型号	含义
C—容量	前两位数表示有效数字，第三位数字表示 0 的个数。1.0 ~ 9.9pF 采用 9 表示中间小数点。0.5 ~ 0.99pF 采用 8 表示前面小数点。例如 2.2pF ~ 229；0.05pF ~ 508
K—精度	B—±0.01pF；C—±0.25pF；D—±0.5pF；F—±1pF；G—±2 pF；J—±5%；K—±10%；M—±20%；P—（GMV）- 特别指定；Z—+805%，-20%
额定电压	1—100V；2—200V；3—25V；4—16V；5—50V；8—10V；9—6.3V
温度特性	G—COG（NP0）（±10^{-6}/℃）　　R—X7R（±15%）（-55 ~ +125℃） P—X5R（±15%）（-55 ~ +85℃）　U—Z5U（±22%，-56）（+10 ~ +85℃） V—Y5V（±22%，-82）（-30 ~ +85℃）

3.5
电容的主要特性参数

扫一扫 看视频

3.5.1 标称容量和允许误差

1. 标称容量

电容的标称容量指标示在电容表面的电容量。固定式电容器标称容量系列和容许误差如表 3-5 所示。

表 3-5　固定式电容器标称容量系列和容许误差

系列代号	E24	E12	E6
容许误差	±5%（Ⅰ）或（J）	±10%（Ⅱ）或（K）	±20%（Ⅲ）或（M）
标称容量对应值	10，11，12，13，15，16，18，20，22，24，27，30，33，36，39，43，47，51，56，62，68，75，82，91	10，12，15，18，22，27，33，39，47，56，68，82	10，15，22，23，47，68

注：标称电容量为表中数值或表中数值再乘以 10^n，其中 n 为正整数或负整数，单位为 pF。

2. 允许误差

电容的允许误差等级是电容的标称容量与实际电容量的最大允许偏差范围。电容允许误差等级常见有七个，如表 3-6 所示。

表 3-6　电容允许误差等级

容许误差	±2%	±5%	±10%	±20%	+20% −30%	+50% −20%	+100% −10%
级别	0.2	Ⅰ	Ⅱ	Ⅲ	Ⅳ	Ⅴ	Ⅵ

3.5.2　额定工作电压

额定工作电压是指在允许环境温度范围内，电容长期安全工作所能承受的最大电压有效值，通常又称为耐压，用 V（伏）表示。

电容额定工作电压很多，常见的有 6.3V、10V、16V、25V、40V、63V、100V、160V、250V、400V、1600V、2000V 等。

3.5.3　其他参数

电容的其他参数如表 3-7 所示。

表 3-7　电容的其他参数

参数	解　说
温度系数	在一定温度范围内，温度每变化 1℃，电容量的相对变化值。温度系数越小越好
频率特性	电容的电参数随电场频率而变化的性质。在高频条件下工作的电容，由于介电常数比低频时小，故电容量相应减小。不同品种的电容，最高使用频率不同。小型云母电容在 250MHz 以内；圆片瓷介电容为 300MHz；圆管型瓷介电容为 200MHz；圆盘瓷介可达 3000MHz；小型纸介电容为 80MHz；中型纸介电容只有 8MHz
绝缘耐压	指电容绝缘物质最大的耐压
绝缘电阻	电容介质存在电阻，两电极间的绝缘物质也存在电阻，绝缘电阻就是电容两电极间的综合电阻的描述。相对而言，绝缘电阻越大越好，漏电也小

3.6
电容的标识方法

扫一扫 看视频

3.6.1 直标法

直标法就是在电容的表面直接标出其主要参数和技术指标的一种方法。直标的内容一般有商标、型号、工作温度组别、工作电压、标称容量及偏差等。上述直标的内容不一定全部标出。电容直标法如图 3-21 所示。

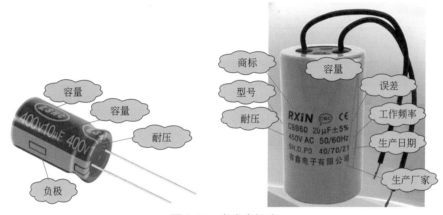

图 3-21 电容直标法

3.6.2 数码法

数码表示法一般用三位数字来表示容量的大小，单位为 pF。其中前两位为有效数字，后一位表示倍率，即乘以 10^i，i 为第三位数字，若第三位数字为 9，则乘 10^{-1}。如：223J 代表 22×10^3 pF=22000pF=0.022μF，允许误差为 ±5%；又如：479K 代表 47×10^{-1} pF，允许误差为 ±5% 的电容。这种表示方法瓷片电容最为常见。电容数码法如图 3-22 所示。

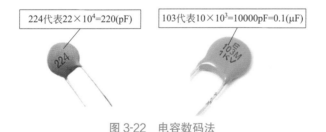

图 3-22 电容数码法

3.6.3 文字符号法

文字符号法将文字和数字符号有规律地组合起来，在电容体上标识出主要特性参数。常用来标识电容的标称容量和允许误差，如表 3-8 及表 3-9 所示。

表 3-8 电容标称容量的标识

标称容量	文字符号	标称容量	文字符号	标称容量	文字符号
0.33 pF	p33	3300 pF	3n3	33μF	33μ
0.5 pF	p50	10000 pF	10n	100μF	100μ
1 pF	1 p0	33000 pF	33n	330μF	330μ
3.3 pF	3 p3	100000 pF	100n	1000μF	1m
10 pF	10 p	330000 pF	330n	3300μF	3m3
33 pF	33 p	1μF	1μ	10000μF	10m
330 pF	330 p	3.3μF	3μ3	33000μF	33m
1000 pF	1 n	10μF	10μ	1F	1F

表 3-9 电容允许误差的标识

允许误差	文字符号	允许误差	文字符号	允许误差	文字符号
±0.001%	Y	±0.25%	C	±30%	N
±0.002%	X	±0.5%	D	+100%，−0%	H
±0.005%	E	±1%	F	+100%，−10%	R
±0.01%	L	±2%	G	+80%，−20%	Z
±0.02%	P	±5%	J	+50%，−10%	T
±0.05%	W	±10%	K	+50%，−20%	S
±0.1%	B	±20%	M	+30%，−10%	Q

3.7
极性电容识别

扫一扫 看视频

1. 通孔式有极性电容的识别

有极性电容一般为铝电解电容和钽电解电容，极性的识别较为重要，其识别方法如下。

（1）看引脚的长短

新通孔式电解电容，引线较长的为正极，如图 3-23 所示。

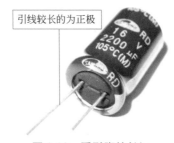

图 3-23 看引脚的长短

（2）看极性标记

铝电解电容标记负号一边的引线为负极，钽电解电容正极引线有标记，如图3-24所示。

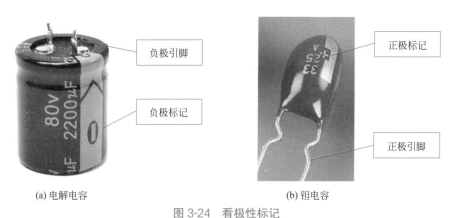

(a) 电解电容   (b) 钽电容

图 3-24　看极性标记

2. 贴片有极性电容的识别

贴片式铝电解电容的顶面有一黑色标志，是负极性标记，如图3-25所示。

贴片有极性电容一般是钽贴片电容，而贴片元件要紧贴电路板，对温度稳定性要求高，自然铝电解电容不适用。钽贴片电容一般是黄色方形的，贴片式有极性钽电解电容的顶面有一条黑色线或白色线，是正极性标记，如图3-26所示。

图 3-25　铝贴片电解电容极性识别

图 3-26　钽贴片有极性电容极性识别

3.8
电容的常见故障

扫一扫 看视频

3.8.1　短路

电容短路是常见故障之一，多表现为两极板已相互击穿，使两电极之间的电阻值为0。这种故障形成的原因主要有两种。

1. 第一种原因：外加电压高于电容的额定电压造成短路

电解电容大多是因耐压原因短路的，短路时，大多数从电容器表面上就可以看出来，如图3-27所示。

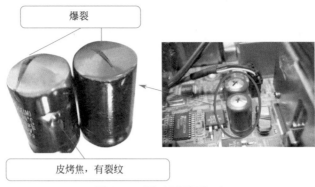

图 3-27　因耐压原因短路

2. 第二种原因：吸潮锈蚀形成短路

瓷介电容多因吸潮锈蚀形成短路，因为这种电容材料热胀冷缩的伸缩性较差，在工作中容易受温度变化的影响，久而久之，引脚与极板的密封易受到破坏，空气便能入侵内部，一旦空气的湿度较大，就出现短路故障。

3. 电容漏电

电容漏电工作其实是短路故障的前期表现，这种故障也反映在两极板之间，形成的原因很多。这种故障的特征是，用万用表电阻挡测量电容两个引脚之间的电阻值时，电阻值会指示出一定的电阻值来。

3.8.2　断路

电容断路多表现为极板与引脚间断开，有人为扭断的和引脚本身折断或锈断的两种。还有一种断路故障现象就是电容"爆炸"（耐压原因），如图 3-28 所示。

图 3-28　电容爆炸而断路

3.8.3　容量变化

容量变化又称为电容变质，通常表现为电容容量减小。这种故障现象的原因主要有两方面：其一是电容使用时间较长，就会出现老化现象，使电容变质；其二是电解电容若长期不用，则内部电解液将会出现硬化现象，结果使电容容量减小变质，甚至容量尽失，这称为电容失效。

3.9
电容的检测

扫一扫 看视频

3.9.1 数字式万用表电容挡检测电容

电容器的电容量通常需要使用电容表、数字万用表（带有检测电容功能的）以及专用的电容测量仪器来测量。

使用数字万用表测量电容容量具体方法如图 3-29 所示。

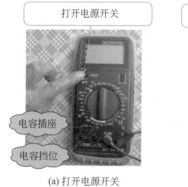

打开电源开关

电容插座

电容挡位

(a) 打开电源开关

选择电容挡位

(b) 选择挡位

读数

插入电容

(c) 测量、读数

图 3-29 使用数字万用表测量电容容量具体方法

将数字万用表置于电容挡，根据电容量的大小选择适当挡位，等待测电容充分放电后，将待测电容直接插到测试孔内或两表笔分别直接接触进行测量。数字万用表的显示屏上将直接显示出待测电容的容量。

使用数字万用表测量时，如果显示的数值等于或十分接近标称电容量，说明该电容正常；如果待测电容显示的数值与标称电容量相差过大，则说明待测电容已变质，不能再使用；如果待测电容显示的数值远小于标称容量，则说明待测电容已损坏。

注意 数字万用表并不是所有电容都可测量，要依据数字万用表的测量挡位来确定。有的数字万用表有多个电容测量挡位，可以测量 2nF ～ 2μF 之间的电容，有的可测量 20nF ～ 200μF 之间的电容，而有的数字万用表只有一个 200μF 电容测量挡位。如果待测电容的电容量超出数字万用表测量范围，则不能用数字万用表测量。

3.9.2 指针式万用表检测电容

首先要明确一点：指针式万用表只能检测电容的好坏（小容量电容的断路性故障及容量的大小不宜判断）以及大致估测电容的大小，不能准确测量电容容量的大小。

1. 容量在 0.01μF 以上无极性电容的检测

将指针式万用表调至 $R×10k$ 欧姆挡，并进行欧姆调零，然后用万用表的红、黑表笔分别接触电容的两个引脚，观察万用表指示电阻值的变化，如图 3-30 所示。

如果表笔接通瞬间，万用表的指针应向右微小摆动，然后又回到无穷大处，调换表笔后，再次测量，指针也应该向右摆动后返回无穷大处，则可以说明该电容正常；如果表笔接通瞬间，万用表的指针摆动至"0"附近，则可以说明该电容被击穿或严重漏电；如果表笔接通瞬间，指针摆动后不再回至无穷大处，则可以说明该电容器漏电；如果两次万用表指针均不摆动，则可以说明该电容已开路。

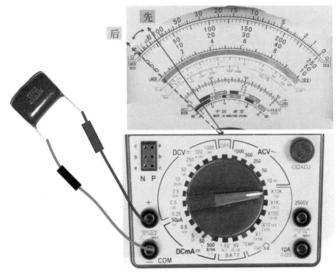

图 3-30　容量在 0.01μF 以上无极性电容的检测

2. 电解电容的检测

（1）测量前的放电

测量前应让电容充分放电，即将电解电容的两根引脚短路，把电容内的残余电荷放掉。可以用万用表表笔将电容两引脚短路，如图 3-31 所示。大容量电容须用螺丝刀金属部分放电。

图 3-31　电解电容测量前的放电

（2）万用表挡位的选择

电解电容的容量较一般固定电容大得多，测量时，针对不同容量选用合适的量程。一般情况下，$1 \sim 47\mu F$ 的电容，可用 $R \times 1k$ 挡测量；大于 $47\mu F$ 的电容可用 $R \times 100$ 挡测量。电容容量越小，电阻挡倍率选择应越大。

（3）测量

电容充分放电后，将指针万用表的红表笔接负极，黑表笔接正极。在刚接通的瞬间，万用表指针应向右偏转较大角度，然后逐渐向左返回，直到停在某一位置。此时的阻值便是电解电容的正向绝缘电阻，一般应在几百千欧姆以上；调换表笔再测量，指针应重复前述现象，最后指示的阻值是电容的反向绝缘电阻，应略小于正向绝缘电阻，如图3-32所示。

图 3-32　电解电容的测量

（4）质量好坏的判断

① 两支表笔刚接触电容器两个电极时，表针能从"∞"向"0"偏转，说明电容可以充电，说明这个电容具有一定的容量。

② 表针向"0"偏转的角度越大，说明这个电容的容量也越大；反之，则容量越小。

③ 当两支表笔接触电容的两个电极时，若表针一点也不偏转，表面这个电容的容量已消失，出现了变质故障。

④ 若表针偏转到某一个电阻值之后不再返回到"∞"，表明电容内部有漏电故障。

⑤ 若表针偏转到"0"后不再返回，表面电容内部已经短路。

对于正、负极标志不明的电解电容，可利用测量绝缘电阻的方法加以判别。即先用万用表的两支表笔接触电容两只引脚，测量电容的绝缘电阻，调换表笔再次测量。数值大的为正向绝缘电阻，这时黑表笔接的是电容的正极。

3.9.3　可变电容的检测

可变电容容量通常都较小，主要是检测电容动片和定片之间是否有短路情况。

① 用手缓慢旋转转轴，应感觉十分平滑，不应有时松时紧甚至卡滞现象。将转轴向前、后、上、下、左、右各方向推动时，转轴不应有摇动现象。

② 转轴与动片之间接触不良的可变电容，不能继续使用。

③ 将万用表置于 $R \times 10k$ 挡，一只手将两个表笔分别接可变电容的动片和定片的引出端，另一只手将转轴缓慢来回转动，万用表的指针都应在无穷大位置不动。如果指针有时指向零，说明可变电容动片和定片之间存在短路点；如果旋到某一角度，万用表读数不是无穷大而是有限阻值，说明可变电容动片和定片之间存在漏电现象。

3.10
电容的选用、代换和使用注意事项

3.10.1　电容的正确选用

（1）根据电路要求选用相应的类型

根据电容在电路中的作用（如滤波、退耦、耦合、定时、储能等），选择能满足各项要求的电容。

对于要求不高的低频电路和直流电路。一般选用纸介电容，也可以选用低频瓷介电容。在高频电路中，当电气性能要求较高时，可选用云母电容、高频瓷介电容或穿心电容。在要求较高的中频及低频电路中，可选用塑料薄膜电容。在电源滤波、退耦电路中，一般可选用铝电解电容。对于要求可靠性高、稳定性高的电路中，应选用云母电容、漆膜电容或钽电解电容。对于高压电路，应选用高压瓷介电容或其他类型的高压电容。在需要电容量大的交流功率设备中，如 UPS 不间断电源、中频电源设备、洗衣机等必须选用无极性油浸纸介电容器或聚苯乙烯电容器。在小功率场合，则可选用无极性电解电容。

（2）合理选择标称容量及允许误差

根据电路对电容误差的要求，选择相应系列的标称容量值。在低频的耦合及退耦电路中，一般对电容的容量要求不太严格，只要按计算值选取稍大一些的电容就可以了。在定时电路、振荡回路及音调控制等电路中，对电容的容量要求较为严格，因此选取电容的标称值应尽量与计算的容量相一致或尽量接近，应尽量选用精度高的电容。在一些特殊的电路中，往往对电容的容量要求非常精确，此时应选用允许偏差为 ±0.1% ～ ±0.5% 的高精度电容。

（3）额定电压的选取

电容器的额定工作电压必须比实际工作电压大 1.2 ～ 1.3 倍以上。对于工作环境温度较高或稳定性较差的电路，额定电压应考虑降额使用，留有更大的余量才好。

（4）应根据电容工作环境选择电容

电容的性能参数与使用环境的条件密切相关，因此在选用电容时应注意：

① 在高温条件下使用的电容应选用工作温度高的电容；

② 在潮湿环境中工作的电路，应选用抗湿性强的密封电容；

③ 在低温条件下使用的电容，应选用耐寒的电容，这对电解电容尤为重要，因为普通的电解电容在低温条件下会使电解液结冰而失效。

（5）选用电容时应考虑安装现场的要求

电容的外形有许多种，选用时应根据实际情况来选择电容的形状及引脚尺寸。优先选用绝缘电阻大、介质损耗小、漏电流小的电容。

3.10.2　电容的代换

① 在代换电容之前，应对电容的质量进行检查，以防不符合要求的电容装入电路中。

② 标称电容容量不能满足要求时，可以采用电容串联或并联的方法来满足容量的要求，但同时要考虑到串联或并联后的耐压问题。小容量电容并联可以代换大容量电容，电容并联后的工作电压不能超过其中最低额定电压。大容量电容串联可以代换小容量电容。

③ 电容的串联可以增加耐压。如果两只容量相同的电容串联，其总耐压可以增加一倍；如果两只容量不等的电容串联，电容量小的电容器所承受的电压要高于容量大的电容器。

④ 代换电容要与原电容的容量基本相同（对于旁路、耦合、滤波电容，容量可以比原电路大一些），一般不考虑电容的允许误差（除了振荡电路用）。在容量要求符合条件的情况下，额定电压参数等于或大于原电容器的参数即可代用，有时略小一些也可以代用。

⑤ 一般情况下，高频的可以代替低频的，反之，低频的不能代换高频的。

⑥ 标称电容容量相差不大时可以代用。许多情况下电容器的容量相差一些无关紧要（要根据电容在电路中的具体作用而定），但在有些场合下电容器不仅对容量要求严格（如振荡电路、谐振电路），而且对允许偏差等参数也有严格的要求，此时就必须选用原型号、同规格的电容器。

⑦ 开关电源电路中的高频谐振电容和电源滤波电容常采用无感、高频特性好、自愈能力强及稳定性高的 NKPH 型电容，不能用普通电容代替。

⑧ 所代换的电容耐压不能低于原电容的耐压值。高耐压可以代换低耐压。电容的额定电压一般是指直流电压，若要用于交流电路，应根据电容的特性及规格选用；若要用于脉冲电路，则应按交直流分量总和不得超过电容的额定电压来选用。

⑨ 电解电容反串可以代换无极性电容。

⑩ 在印制板许可的情况下，通孔电容与贴片电容可以互相代换。

3.10.3　电容使用注意事项

① 无极性电容和电解电容不能混用。

② 将电解电容装入电路时，一定要注意它的极性不可接反，否则会造成漏电电流大幅度地上升，使电容很快发热而损坏。

③ 在设计元件安装时，应使电容远离热源，否则会使电容温度过高而过早老化。在安装小容量电容及高频回路电容时，应采用支架将电容托起，以减少分布电容对电路的影响。

④ 焊接电容的时间不易太长，因为过长时间的焊接会使热量通过电极引脚传到电容的内部介质上，从而使介质的性能发生变化。

⑤ 在电路中安装电容时，应使电容的标识安装在易于观察的位置，以便核对和维修。

第 4 章
电感与变压器

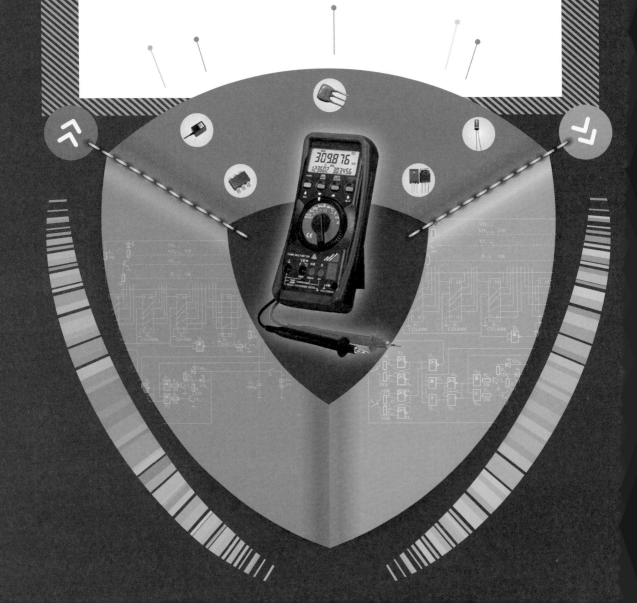

4.1
电感的作用、图形符号及单位

扫一扫 看视频

电感器件主要是指电感器（线圈）和变压器一类的元件，它们都是磁 - 电、电 - 磁转换元件。电感器件简称电感。

1. 电感的作用

电感具有"通直阻交"和"阻碍变化的电流"的特性；变压器具有改变交流电压、电流的特性。

电感线圈主要用于天线线圈、振荡线圈、滤波、谐振、定时等；变压器主要应用于音频输入、音频输出、中频网络、降压、升压、隔离、线间变换、阻抗变换等。

2. 电感的图形符号

在电路原理图中，电感常用符号"L"或"T"表示，不同类型的电感在电路原理图中通常采用不同的符号来表示，如图 4-1 所示。

在电路原理图中，变压器通常用字母"T"表示，常见变压器在电路原理图中的图形符号如图 4-2 所示。

图 4-1　电感的图形符号　　　　图 4-2　变压器图形符号

3. 电感的单位

电感工作能力的大小用 "电感量"来表示，表示产生感应电动势的能力。电感量的基本单位是亨利（H），简称亨，其他常用单位还有毫亨（mH）、微亨（μH）和纳亨（nH）。它们之间的换算关系为：

$$1H=10^3mH=10^6\mu H=10^9nH$$

4.2
电感、变压器的型号命名方法

扫一扫 看视频

电感元件的型号一般由四部分组成，如图 4-3 所示。

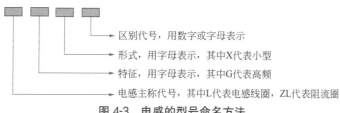

图 4-3　电感的型号命名方法

注意 目前电感器件国家没有统一的标准，因此各生产厂家有所不同。

变压器的型号一般由三部分组成，其具体格式如图 4-4 所示

图 4-4 变压器型号命名方法

① 主称用大写字母表示变压器的种类。主称的大写字母含义如表 4-1 所示。
② 额定功率直接用数字表示，单位为 V·A。
③ 序号用数字表示。

表 4-1 变压器主称的大写字母含义

字母	字母的含义
DB	电源变压器
CB	音频输出变压器
RB	音频输入变压器
GB	高频变压器
SB 或 ZB	音频（定阻式）输出变压器
SB 或 EB	音频（定压式）输出变压器

4.3
电感的分类

扫一扫 看视频

电感的分类如图 4-5 所示。

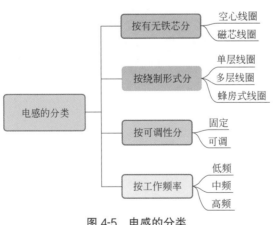

图 4-5 电感的分类

扫一扫 看视频

4.3.1 空心线圈

空心线圈是用导线直接绕制（或在骨架上）而成的。线圈内没有磁芯或铁芯，通常线圈绕的匝数较少，电感量小。空心线圈外形结构如图 4-6 所示。

图 4-6 空心线圈外形结构

4.3.2 磁芯线圈

在电感线圈的内部加入磁性材料可以提高电感量，避免把线圈的直径做得很大、圈数绕得太多，给制作和使用带来方便。

如果电路频率比较高，就要使用锰锌铁氧体磁芯；频率再高，则要使用镍锌铁氧体。铁氧体磁芯电感器的磁芯可以在线圈中任意移动位置，因此这种线圈的电感量就可以在一定范围内任意调节，这在一些电子电路中是非常有用的。磁芯线圈外形结构如图 4-7 所示。

图 4-7 磁芯线圈外形结构

4.3.3 固定电感线圈

固定电感线圈是在将线圈绕制在软磁铁氧体的基础上，用环氧树脂或塑料封装起来制成的。小型固定电感线圈外形结构主要有立式和卧式两种，如图 4-8 所示。它可以是单层线圈、多层线圈、蜂房式线圈以及具有磁芯的线圈等。固定电感线圈的电感量较小，一般为 $0.1 \sim 100\mu H$，工作频率为 $10kHz \sim 200MHz$。其特点是体积小、重量轻、结构牢固和安装方便。

(a) 卧式

(b) 立式

(c) 蜂房式

图 4-8 小型固定电感

4.3.4 贴片电感

贴片电感可分为小功率电感和大功率电感两大类。小功率贴片电感主要用于选频电路、振荡电路等；大功率贴片电感主要用于储能元件或 LC 滤波元件。

与贴片电阻、电容不同的是贴片电感的外观形状多种多样，有的贴片电感很大，从外观上很容易判断，有的贴片电感的外观形状和贴片电阻、贴片电容相似，很难判断，此时只能借助万用表来判断。

图 4-9 多层片状电感外形结构

1. 多层片状电感

多层片状电感是用磁性材料采用多层生产技术制成的无绕线电感器。它采用铁氧体膏状交替层叠并采用烧结工艺形成整体单片结构，有封闭的磁回路，所以有磁屏蔽作用。多层片状电感外形结构如图 4-9 所示。

2. 薄型 SMD 型片状电感

薄型 SMD 型片状电感是用漆包线绕在骨架上做成的，不同的骨架材料、不同的匝数可有不同的电感量及 Q 值，常用有 A 型、B 型、C 型三种结构。

A 型是内部由骨架绕成，外部由磁性材料屏蔽静塑料模压封装的结构；B 型是用长方形陶瓷或铁氧体骨架绕制而成的，两端头供焊接用；C 型为 Z 字形陶瓷、铝或铁氧体骨架，焊接部分在骨架底部。薄型 SMD 型片状电感外形结构如图 4-10 所示。

3. 大功率片状线绕型电感

大功率片状线绕型电感器采用圆形、Z 字形铁氧体为骨架，采用不同直径的漆包线绕制而成，在铁氧体底部沉积导电材料，经烧结后形成焊接电极。大功率片状线绕型电感外形结构如图 4-11 所示。

图 4-10　薄型 SMD 型片状电感外形结构

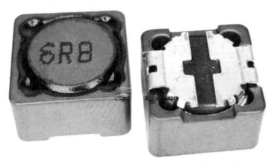

图 4-11　大功率片状线绕型电感外形结构

4.3.5　磁珠

　　导线直接穿过磁环的线圈习惯称为磁珠，磁珠外形很像老式的实心电阻，其外形结构如图 4-12 所示。磁珠能把高频交流信号转化为热能而耗散掉，它专用于抑制信号线、电源线上的高频噪声和尖峰干扰，还具有吸收静电脉冲的能力。主要用于抑制电磁辐射干扰，处理 EMC、EMI 问题。

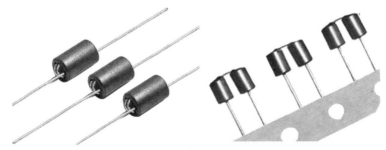

图 4-12　磁珠外形结构

　　磁珠的参数有 3 个：工作频率、交流阻抗和额定工作电流。阻抗的单位是欧姆（Ω），一般以 100MHz 为标准，例如 2012B601 型磁珠，就是指在 100MHz 的时候磁珠的阻抗为 600Ω。

① 电感是储能元件，而磁珠是能量消耗器件；
② 电感的基本单位为亨利（H），而磁珠的单位为欧姆（Ω）。

以常用于电源滤波的 HH-1H3216-500 为例，其型号各字段含义如下。

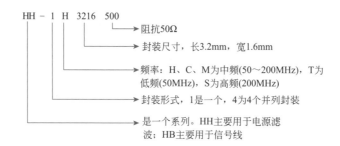

HH – 1 H 3216 500
阻抗50Ω
封装尺寸，长3.2mm，宽1.6mm
频率：H、C、M为中频(50～200MHz)，T为低频(50MHz)，S为高频(200MHz)
封装形式，1是一个，4为4个并列封装
是一个系列。HH主要用于电源滤波；HB主要用于信号线

4.4
变压器的分类

扫一扫 看视频

变压器按磁芯材料的不同，可分为高频、低频和整体磁芯三种。变压器按工作频率可分为高频变压器、中频变压器和低频变压器。

1. 高频磁芯

高频磁芯是铁粉磁芯，这种磁芯主要用于高频变压器，它具有高导磁率的特性，使用频率一般在 1 ～ 200kHz。高频磁芯外形结构如图 4-13 所示。

图 4-13　高频磁芯外形结构

2. 低频磁芯

低频磁芯是硅钢片，磁通密度一般在 6000 ～ 16000T，硅钢片主要用于低频变压器；根据硅钢片的形状不同可分为 EI（壳型、日型）、UI、"口"形、"C"形。硅钢片的外形结构如图 4-14 所示。

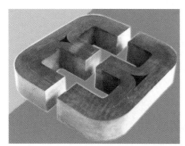

图 4-14　硅钢片的外形结构

3. 整体磁芯

整体磁芯分为三种类型：环形磁芯、棒状磁芯、鼓形磁芯，整体磁芯外形结构如图 4-15 所示。

(a) 环形磁芯 　　　　　　　(b) 棒状磁芯 　　　　　　　(c) 鼓形磁芯

图 4-15 整体磁芯外形结构

4.4.1 电源变压器

电源变压器的作用是将 50Hz、220V 交流电压升高或降低，变成所需的各种交流电压。按其变换电压的形式，可分为升压变压器、降压变压器和隔离变压器等；按其形状构造，可分为长方体或环形（俗称环牛）等。常见降压变压器外形结构如图 4-16 所示。

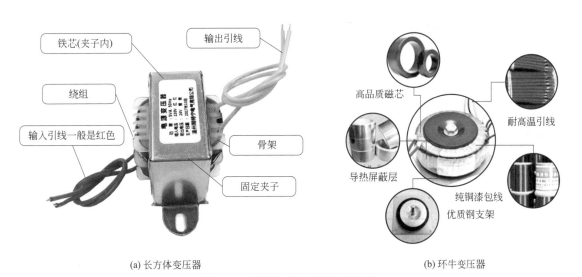

(a) 长方体变压器 　　　　　　　　　　　　　　(b) 环牛变压器

图 4-16 常见降压变压器外形结构

4.4.2 开关变压器

开关稳压电源电路中使用的开关变压器，属于脉冲电路用振荡变压器。其主要作用是向负载电路提供能量（即为其他各电路提供工作电压），实现输入、输出电路之间的隔离，其二次（次级）侧有多组电能释放绕组，可产生多路脉冲电压，经整流、滤波后供给后级各有关电路。开关变压器的外形结构如图 4-17 所示。

图 4-17　开关变压器的外形结构

4.4.3　耦合变压器

耦合变压器的主要作用是连接两部分电路的信号传输，即前级信号通过它送至后级电路，同时它还具有阻抗的匹配作用。功放电路中常用的输入、输出变压器就属于此类，如图 4-18 所示。

(a) 晶体管机种用　　　　　　　　　　　　　　　　(b) 电子管机种用

图 4-18　耦合变压器

4.4.4　中频变压器

中频变压器俗称中周，是超外差式收音机和电视机中的重要组件。中周的磁芯是用具有高频或低频特性的磁性材料制成的，低频磁芯用于调幅收音机，高频磁芯用于电视机和调频收音机。中频变压器外形结构如图 4-19 所示。

图 4-19　中频变压器外形结构

4.5
电感、变压器主要特性参数

扫一扫 看视频

4.5.1 电感量和允许误差

1. 电感量

电感量表示电感线圈工作能力的大小。

电感量主要取决于线圈的匝数、结构及绕制方法等因素。电感线圈的匝数越多，绕制下去越密集，电感量越大；线圈内有磁芯的比无磁芯的电感大；磁芯导磁率越大，电感量也越大。电感线圈的用途不同，所需的电感量也不同。

2. 允许误差

电感线圈电感量的允许误差是指实际电感量能达到要求电感量的精度。对它们的要求，视用途不同而不同。一般来说，对振荡线圈要求较高，为 ±0.2% ～ ±0.5%；而对耦合线圈和高频扼流圈要求较低，为 ±10% ～ ±20%。

4.5.2 品质因数

电感的品质因数 Q 是线圈质量的一个重要参数，它表示在某一工作频率下，线圈的感抗对其等效直流电阻的比值。Q 值反映线圈损耗的大小，Q 值越高损耗功率越小，电路效率越高。

4.5.3 额定电流

额定电流是指能保证电路正常工作的工作电流。当工作电流大于电感线圈的额定电流时，电感线圈就会发热而改变其原有参数，严重时甚至会损坏线圈。

4.5.4 变压器的主要参数

变压器的主要参数如表 4-2 所示。

表 4-2 变压器的主要参数

序号	参数	解 说
1	额定电压	额定电压分初级额定电压和次级额定电压。初级额定电压是指变压器在额定工作条件下，根据变压器绝缘强度与温升所规定的初级电压有效值。对于电源变压器而言，通常指按规定加在变压器初级绕组上的电源电压。次级额定电压是指初级加有额定电压而次级处于空载的情况下，次级额定电压的有效值
2	额定电流	在额定运行情况下，保证初级绕组能够正常输入和次级绕组能够正常输出的电流，分别称为初级、次级额定电流
3	额定功率	额定功率是变压器在指定频率和电压下能长期连续工作，而不超过规定温升时次级输出的功率，用伏安（V·A）表示，习惯称瓦（W）或千瓦（kW）。电子产品中变压器功率一般都在数百瓦以下

续表

序号	参数	解　说
4	变压比	是变压器初级电压（或阻抗）与次级电压（或阻抗）的比值。通常变压比直接标出电压变换值，如 220V/10V；变阻比则以比值表示，如 3：1 表示初次级阻抗比为 3：1
5	空载电流	变压器在工作电压下次级空载或开路时，初级线圈流过的电流称为空载电流。一般不超过额定电流的 10%，设计、制作良好的变压器空载电流可小于 5%。空载电流大的变压器损耗大、效率低
6	效率	效率是输出功率与输入功率之比。一般变压器的效率与设计参数、材料、制造工艺及功率有关。通常 20W 以下的变压器效率约为 70%～80%，而 100W 以上变压器可达 95% 以上
7	绝缘电阻	表示变压器各线圈之间、各线圈与铁芯之间的绝缘性能。绝缘电阻的高低与所使用的绝缘材料的性能、温度高低和潮湿程度有关
8	温升	温升指变压器在额定负载下工作到热稳定性后，其线包的平均温度与环境温度之差

4.6
电感线圈的标识方法

扫一扫 看视频

1. 直标法

直标法是将电感的标称电感量用数字和文字符号直接标在电感体上的方法，电感量单位后面的字母表示偏差。电感的直标法示意图如图 4-20 所示。

2. 色标法

色标法是在电感表面涂上不同的色环来代表电感量（与电阻类似）的方法，通常用三个或四个色环表示。识别色环时，紧靠电感体一端的色环为第一环，露出电感体本色较多的另一端为末环。注意：用这种方法读出的色环电感量，默认单位为微亨（μH）。电感的色标法如图 4-21 所示。

图 4-20　电感的直标法示意图

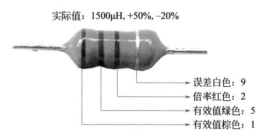

实际值：1500μH, +50%, −20%

误差白色：9
倍率红色：2
有效值绿色：5
有效值棕色：1

图 4-21　电感的色标法

3. 文字符号法

文字符号法是将电感的标称值和偏差值用数字和文字按一定的规律组合标示在电感体上

的方法。采用文字符号法表示的电感通常是一些小功率电感，单位通常为 nH 或 μH。用 μH 作单位时，"R"表示小数点；用"nH"作单位时，"N"表示小数点。电感的文字符号法示意图如图 4-22 所示。

图 4-22 电感的文字符号法示意图

例如：R33 表示电感量为 0.33μH；1R8 则表示电感量为 1.8μH。

 注意 一定不要把"R"标志误认为是"电阻"的标志。

4. 数码表示法

数码表示法是用三位数字来表示电感量的方法，常用于贴片电感。

三位数字中，从左至右的第一、第二位为有效数字，第三位数字表示有效数字后面所加"0"的个数。电感的数码表示法如图 4-23 所示。

图 4-23 电感的数码表示法

 注意 用这种方法读出的色环电感量，默认单位为微亨（μH）。如果电感量中有小数点，则用"R"表示，并占一位有效数字。例如：标示为"100"的电感其容量为 $10\times10^0=10(\mu H)$，标示为"101"的电感其容量为 $10\times10^1=100(\mu H)$。

4.7
电感、变压器的常见故障

扫一扫 看视频

4.7.1 短路

1. 电感线圈短路

一个正常的电感，每圈之间都彼此绝缘，如果匝间绝缘被破坏，线圈就会出现匝与匝直接挨连的情况，导通的电流就不是沿着线圈每一匝、每一点依次流动，而是通过挨连那一点，从一匝直接流到相连的另一匝上。如果是首匝与末匝挨连，电流就会直接从一个引脚流到另一个引脚，这样称线圈出现了短路故障。

短路故障多是由于在潮湿环境长期霉锈破坏绝缘层引起的，一旦线圈受潮使它的绝缘能力降低，绝缘层就容易被电压击穿，形成短路。运输储藏中将绝缘层擦破，同样会造成短路故障。

2. 变压器短路

变压器短路多是指初级、次级绕组中圈与圈之间相连。使用中的变压器出现短路故障时，初级线圈导通的电流比正常值大，变压器工作温度就比正常时高，这是变压器出现短路故障的普遍表现，多在具有一定功率的电源变压器与低频变压器上显现出来。

变压器局部短路，常是某个绕组相邻两圈或几圈挨连形成。应用中的变压器局部短路后，整个工作就由两个部分组成，分别是正常工作部分和短路故障部分。一方面，局部短路的变压器在初级加了额定电压后，根据变压器工作的变压比原理，次级两端仍会删除比设计值略低的电压与电流供负载使用，这是正常工作的部分。另一方面，次级若有相连短路，便会形成一个闭合导线环，初级线圈磁场穿过闭合环也要产生感应电压。由于闭合环线圈的电阻很小，就形成很大的闭合电流，超过设计电流的许多倍，使短路线圈温度很快地升高，并传递给相邻线圈，直至传到铁芯，乃至整个变压器，所以变压器在工作一段时间后温度升高很多，甚至烫手。这就是变压器有短路故障的工作部分，它与涡流相似，但比涡流危害更大。

变压器的严重短路，就是有较大线圈出现挨连，比局部短路更严重。短路会使变压器温度急剧升高，当温度升高到绝缘漆的溶解温度时，绝缘漆便液化膨胀，外表起泡，随之散发漆气味。如果继续下去，则温升更高，将会严重烧干漆液且焦化、碳化，破坏这个变压器的绝缘漆层，使更多初、次级线圈短路，最终使整个变压器的全部线圈烧毁，甚至将硅钢片烧结成铁块毁坏，这就是变压器出现严重短路故障的表现。

特别强调 在出现短路故障后，不可以在带电的情况下用手摸变压器来感受温度升高，以防触电或烫手，只能将手放在变压器的上方，但不接触变压器，以此来感受温升的情况。

4.7.2 断路

1. 电感线圈断路

造成线圈断路的原因较多，如没有封装或没有屏蔽罩的线圈，在储藏或运输过程中，有可能被擦断或碰断；在潮湿环境中储藏过久，线圈受潮长期侵蚀，有可能使线圈锈断；有底座的线圈，如果线圈端头与引脚没有焊接良好，或在焊接处脱焊等，都会造成线圈断路。

2. 变压器断路

如果变压器线圈导电性较差，则某处的载流量不符合要求。当变压器在满负载应用时，电流就会烧断导线薄弱处，造成断路故障。这种情况多出现在使用导线较细的初级线圈。次级由于使用导线较粗，一般不会出现电流烧断线圈的现象。另外，即使初级线圈选用的导线质量较好，如果负载发生短路故障，也会使初级线圈出现过流，烧断变压器初级线圈。

搬运与存储时，变压器与其他器物之间发生碰撞；长期存放在潮湿的环境中；线圈引脚脱焊等都会造成变压器断路现象。

4.7.3 变压器漏电、接触不良

1. 变压器漏电

变压器漏电故障与短路故障有一定区别。漏电常有如下几种表现：
① 变压器线圈与线圈之间通过某种物质相连而呈现一定电阻值。
② 不通过正常的磁耦合，能使初级的电传到次级绕组上。
③ 初级或次级的电流通过某种途径传到铁芯上。
像这些应相互绝缘却又传导了电能的现象都属于漏电。

形成漏电故障的原因较多。例如变压器长期在潮湿环境中使用或存放，则线圈使绝缘层受到腐蚀，使线圈与线圈间的绝缘强度降低，从而能够互通电流，但这时的互通电流很小。变压器产生漏电故障后，很容易恶化成为短路故障。

变压器绝缘层自然老化，包括绝缘纸与绝缘漆层老化，都会使线圈与线圈间的绝缘电阻降低，形成相互导通的电流，但形成的漏电电流很小。

另外，使用中的变压器，如果负载过重或短路，就会导致电流过大，使变压器的温升过快或过高，也能使变压器绝缘层遭到破坏，从而出现漏电，最后将导致短路。

2. 变压器接触不良

变压器出现接触不良故障的结果就是时而导通电流，时而不导通电流。如果接触不良发生在初级，那么次级线圈中就时而有电流通过，时而就没有电流通过。若接触不良发生在变压器次级，则初级线圈始终导通电流，但次级却时而有电压输出，时而无电压输出。

接触不良故障形成的原因较多，如线圈的引出线与引脚焊接不牢固；变压器在运输或存放中，使外边线圈碰擦断等。

4.8
电感、变压器的检测

扫一扫 看视频

4.8.1 电感线圈的检测

1. 数字式万用表检测电感

采用具有电感挡的数字式万用表检测电感时，将数字式万用表量程开关置于合适的电感挡，然后将电感引脚与万用表两表笔相接即可在显示屏显示出电感的电感量。若显示的电感量与标称电感量相近，则说明该电感正常；若显示的电感量与标称电感量相差很多，说明电感不正常，如图 4-24 所示。

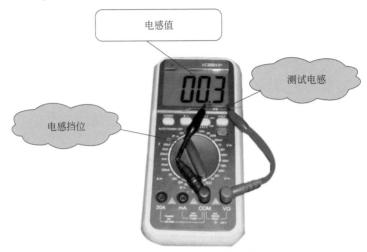

图 4-24　数字式万用表检测电感

2. 指针式万用表检测电感

电感的直流电阻值一般很小，若用万用表欧姆挡位测量线圈的直流电阻，阻值无穷大说明线圈（或与引出线间）已经开路损坏；阻值比正常值小很多，则说明有局部短路；阻值为零，说明线圈完全短路。电感检测示意图如图 4-25 所示。

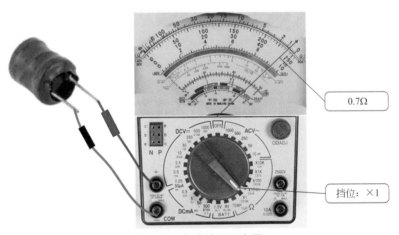

图 4-25　电感检测示意图

4.8.2　变压器的检测

1. 变压器绕组直流电阻的测量

一般情况下，电源变压器（降压式）初级绕组的直流电阻多为几十至上百欧姆，次级直流电阻多为零点几至几欧姆。变压器绕组直流电阻的测量示意图如图 4-26 所示。

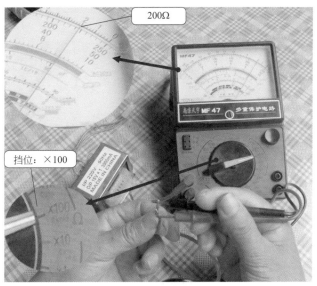

(a) 初级电阻的测量

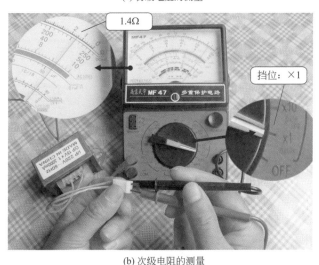

(b) 次级电阻的测量

图 4-26　变压器绕组直流电阻的测量

技巧与要点

电源变压器初、次线圈判别

（1）根据电压标志

电源变压器（降压式）初级引脚和次级引脚一般都是分别从两侧引出的，并且初级绕组多标有 220V 字样，次级绕组则标出额定电压值，如 12V、15V、24V 等。再根据这些标记进行识别，如图 4-27 所示。

（2）根据绕组线径

电源变压器（降压式）初级线圈和次级线圈的线径是不同的。初级线圈是高压侧，线圈匝数多，线径细；次级线圈是低压侧，线圈匝数少，线径粗。因此根据线径的粗细可判别电源变压器的初、次级线圈。

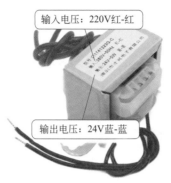

输入电压：220V红-红

输入电压：220V红-红

输出电压：24V蓝-蓝

输出电压：24V蓝-蓝

图 4-27　电源变压器电压标志

2. 电源变压器空载电压的检测

将电源变压器的初级接 220V 市电，用万用表交流电压挡依次测出各绕组的空载电压值（U21、U22、U23、U24），应符合要求值，允许误差范围一般为：高压绕组 ≤ ±10％，低压绕组 ≤ ±5％，带中心抽头的两组对称绕组的电压差应 ≤ ±2％。电源变压器空载电压的检测示意图如图 4-28 所示。

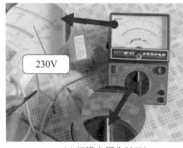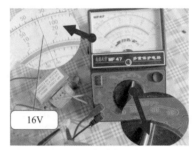

230V

16V

(a) 初级电压为230V

(b) 次级电压为16V

图 4-28　电源变压器空载电压的检测

3. 变压器绝缘性能的检测

变压器绝缘性能可用指针式万用表的 $R \times 10k$ 挡作简易测量。分别测量变压器铁芯与初级、初级与各次级、铁芯与各次级、静电屏蔽层与初次级、次级各绕组间的电阻值，万用表的指针应指在无穷大处不动或阻值应大于 $100M\Omega$，否则，说明变压器绝缘性能不良。变压器绝缘性能的测量示意如图 4-29 所示。

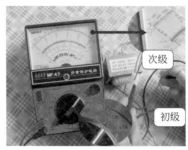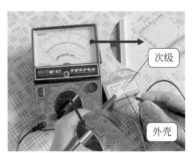

次级

次级

初级

外壳

(a) 初级、次级间阻值

(b) 次级、外壳间阻值

图 4-29　变压器绝缘性能的测量

4.9
电感、变压器的选用和代换

4.9.1 电感的正确选用及代换

电感的正确选用如表 4-3 所示。电感的代换如表 4-4 所示。

表 4-3 电感的正确选用

序号	选用原则	解 说
1	按电路要求	根据电路的要求选用相应种类及相应参数的电感器
2	按作用	根据电容在电路中的作用、所需电感量、工作电流、准确度要求等情况，选择能满足各项要求的电感
3	按允许误差	根据误差要求，按电感器的标称系列值选用电感
4	按额定电流	电感电流值的选取必须充分考虑电流减额，即 $I_{额定} \geqslant I_{工作}$
5	按品质因数	注意电感的品质因数 Q 对使用电感的电路性能的影响，例如电感器的 Q 直接影响到并联谐振电路通频带的宽度
6	考虑压降	在做 LC 电源退耦或滤波时，必须考虑打破电感直流电阻对电源电压的压降
7	考虑频率	选用电感的工作频率要适合电路。低频电路一般选用硅钢片铁芯或铁氧体磁芯的电感，而高频电路一般选用高频铁氧体磁芯或空心的电感

表 4-4 电感的代换

序号	代换原则	解 说
1	根据功率	大功率电感可以代换同类小功率的电感
2	根据电流	代换贴片电感器的额定电流必须大于实际电路的工作电流；若额定电流选择过低，则很容易影响电感器性能或烧毁电感器
3	根据结构形式	在印制板许可的情况下，通孔电感与贴片电感可以互相代换
4	更换时注意事项	振荡电路、定时电路的电感，必须用同规格的电感代换
		在更换电感时，不能随意改变电感的线圈匝数、间距和形状，以免电感的电感量发生变化
		对于色环电感或小型固定电感，当电感量相同、额定电流相同时，一般可以代换
		对于有屏蔽罩的电感，在使用时需要将屏蔽罩与电路地连接，以提高电感的抗干扰性
		开关电路的变压器必须用同规格的变压器代换；电磁炉中的加热线圈必须用同规格的线圈代换；中频电路的中周（中频变压器）必须用规格的中周代换

4.9.2　变压器的正确选用及代换

1. 变压器选用原则

应用变压器时，首先考虑的问题就是变压器的种类，搞清楚应用或更换的是电源变压器还是中频变压器，是低频变压器还是高频变压器，是普通电源变压器还是开关变压器，不明确这些就谈不上应用变压器。

2. 电源变压器的选用

（1）功率方面的考虑

选用电源变压器时，要与负载电路相匹配，电源变压器应留有功率余量（其输出功率应略大于负载电路的最大功率），输出电压应与负载电路供电部分的交流输入电压相同。

一般电源电路，可选用 E 形铁芯电源变压器。若是高保真音频功率放大器的电源电路，则应选用 C 形变压器或环形变压器。

（2）绝缘电阻方面的考虑

在变压器的性能参数中，绝缘电阻是衡量变压器质量的一个重要指标。因此，在选用电源变压器时，应选用绝缘性能好的变压器。变压器的绝缘电阻主要包括各绕组间的绝缘电阻、各绕组与屏蔽层的绝缘电阻。电源变压器绝缘电阻的大小，与变压器的功率与工作电压有关。功率越大，工作电压越高，其绝缘电阻的要求也越高，一般绝缘电阻应大于 100MΩ；在一般使用条件下，绝缘电阻应不小于 500MΩ。

（3）电压方面的考虑

在选用变压器时，应注意变压器的输入、输出电压。一般家用电器及测量仪表使用的电源为交流 220V，而工业用的电源多为交流 360V。电源变压器次级的输出电压一般为 6V、9V、12V、17V、24V 等多种，应根据需要选择。一般情况下，在电源变压器上有输入、输出电压的标识。若无标识或标识不清楚时，一定要对各接线端进行判断，并检测各输出端的电压值。

3. 输入、输出变压器

输入变压器主要用于音响设备的低放级及功放级之间的阻抗匹配和相位的变换，而输出变压器则用于功放末级和扬声器之间的阻抗匹配。由于输入、输出变压器的外形相似，一旦标识脱落，往往很难进行判断，此时可根据其线圈的直流电阻进行区分。一般来说，输入变压器的绕组直流电阻值较大，且初级比次级阻值大，而输出变压器次级绕组的直流阻值很小。

输入、输出变压器也应具有较好的绝缘性能，对于一般半导体设备用的输入、输出变压器，其绝缘电阻应大于 100MΩ；对于功率较大，工作电压较高的音响设备用的输入、输出变压器，其绝缘电阻应大于 500MΩ。

4. 中频变压器的选用

中频变压器不仅要进行电压、电流及阻抗的变换，而且要谐振于某个固定频率，除此之外，为保证电子信号的频率特性，还要由几只中频变压器组成一套供电路使用。因此，在选用中频变压器时，应特别注意它们的级别及序号，使用时不可随便调换。

5. 变压器的代换

① 对于铁芯材料、输出功率、输出电压相同的电源变压器，通常可以直接互换。

② 电源多绕组变压器可以代换少绕组变压器。

③ 中频变压器代换时，应选用同种类、同型号的中频变压器进行代换。

④ 原则上，对普通电源变压器来讲，只要变压器次级输出的电压相同，则功率大的可以代换功率小的变压器；功率小的变压器绝对不可以代换功率大的变压器。

第5章
二极管

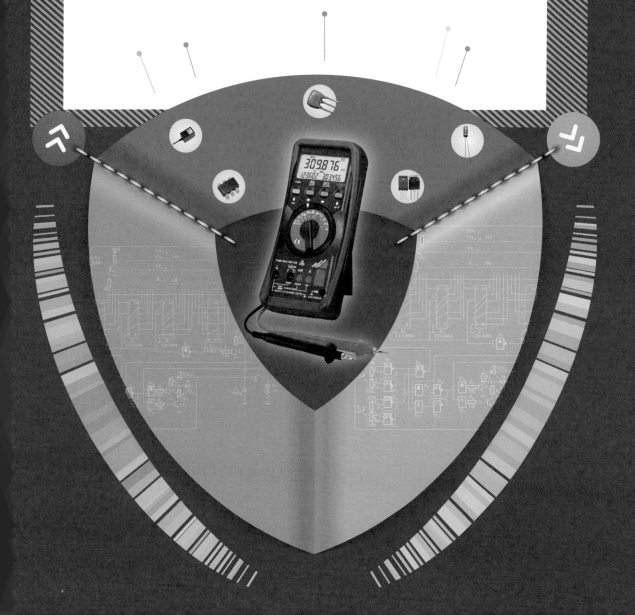

5.1 二极管的作用、图形符号及伏安特性

5.1.1 二极管的作用、图形符号

晶体二极管是常用的半导体器件，简称二极管。二极管是利用半导体 PN 结的单向导电性制成的器件，本质上就是一个 PN 结。二极管的主要特性就是"具有单向导电性"。

1. 二极管的作用

二极管在电路中主要作用有整流、检波、阻尼、钳位、稳压、发光、变容、触发等。

2. 二极管的图形符号

普通二极管在电路中常用字母"D""V""VT"或"VD"表示，稳压二极管在电路中用字母"ZD"表示。

各种二极管的图形符号如图 5-1 所示。

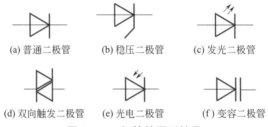

(a) 普通二极管　　(b) 稳压二极管　　(c) 发光二极管

(d) 双向触发二极管　　(e) 光电二极管　　(f) 变容二极管

图 5-1　二极管的图形符号

5.1.2 二极管的伏安特性

为了更准确、更全面地了解二极管的单向导电性，工程上引入伏安特性曲线。加在二极管两端的电压 V_D 与通过二极管的电流 I_D 的关系曲线称为二极管的伏安特性曲线，利用晶体管图示仪或实验的方法能方便地测出二极管的伏安特性曲线，如图 5-2 所示。

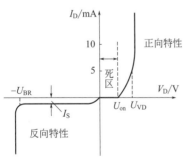

图 5-2　二极管的伏安特性曲线

1. 正向特性

正向伏安特性曲线指纵轴右侧部分，它有两个主要特点：

① 外加电压较小，外加电场还不足以克服内电场对多数载流子造成的阻力，此时正向电流几乎为零，这个范围称为"死区""截止区"或门限电压（开启电压）U_{on}，锗管死区电压为 0.1V，硅管约为 0.5V。

② 正向电压超过死区电压时，二极管呈现的电阻很小，曲线近似于线性，称为导通区。导通后二极管两端的正向电压称为正向压降（管压降）U_{VD}，一般硅管正向压降为 $0.6 \sim 0.8V$，锗管正向压降为 $0.1 \sim 0.3V$。

2. 反向特性

反向伏安特性曲线指纵轴左侧部分，它有两个主要特点：

① 在一定的反向电压范围内，电流约等于零——反向截止区，此时的 I_S 称为反向饱和电流或反向漏电流。实际应用中，反向饱和电流应越小越好。

② 当反向电压增加到某一数值时，反向电流急剧增加——反向击穿，此时对应的电压称为反向击穿电压 U_{BR}。二极管工作时，不允许反向电压超过击穿电压，否则造成二极管损坏。

从以上可知，二极管共有两种工作状态：导通和截止。二极管的导通与截止需要有一定的工作条件。若给二极管加上高于起始电压的正偏电压，则二极管导通，此时二极管有电流通过；若给二极管加上反偏电压，则二极管截止，此时二极管没有电流通过。下面我们用仿真软件来看看二极管 1N4007 的伏安特性，如图 5-3 所示。图 5-3（a）是 IV（电流 / 电压）分析仪，把二极管 1N4007 接入 IV 分析仪，启动运行仿真就可以得到这个曲线图。

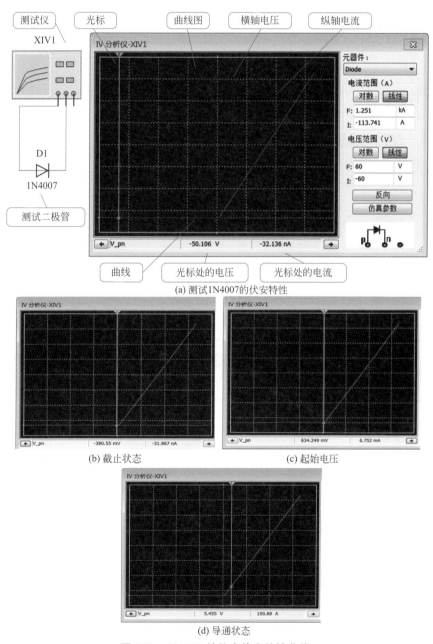

图 5-3　1N4007 的仿真伏安特性曲线

当光标从图 5-3（a）中（-50.106V/-32.163nA）移动到图 5-3（b）中（-380.55mV/-31.967nA）时，二极管是处于截止状态的；当光标移动到图 5-3（c）中（634.249mV/6.752mA）时，二极管就开启导通，那么这个电压就是起始电压。图 5-3（d）是二极管处于导通状态。

整流、检波、开关二极管具有相似的伏安特性曲线，均属于普通二极管。

5.2
二极管的型号命名方法

扫一扫 看视频

国家标准规定国产二极管的型号命名分为五个部分，如图 5-4 所示。

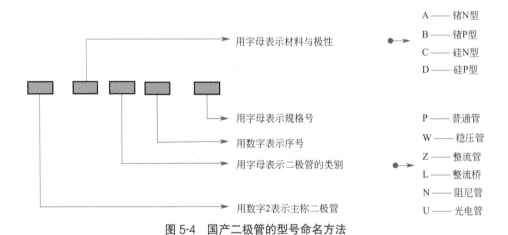

图 5-4　国产二极管的型号命名方法

国产二极管型号命名示例如表 5-1 所示。

表 5-1　二极管型号命名示例

2AP9： N 型锗材料普通二极管	2CW56： N 型硅材料稳压二极管	2CN1： N 型硅材料阻尼二极管
2——二极管	2——二极管	2——二极管
A——N 型锗材料	C——N 型硅材料	C——N 型硅材料
P——普通型	W——稳压管	N——阻尼管
9——序号	56——序号	1——序号

5.3
二极管的分类

常见二极管的分类如图 5-5 所示。

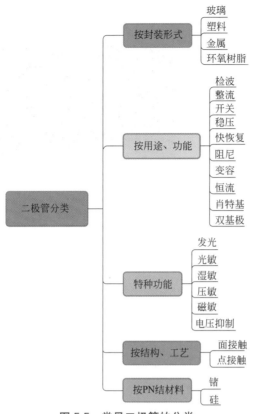

图 5-5　常见二极管的分类

扫一扫 看视频

扫一扫 看视频

5.3.1　整流二极管

整流二极管在电路中的主要作用是将交流电变成脉冲直流电,它是利用二极管的单向导电性工作的。整流二极管整流仿真电路如图 5-6 所示。

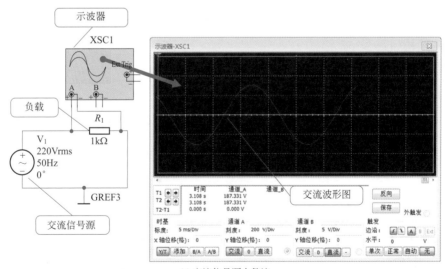

(a) 交流信号源未整流

图 5-6

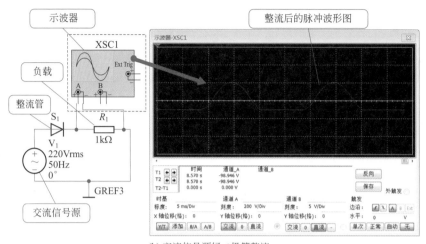

(b) 交流信号源经二极管整流

图 5-6　整流二极管整流仿真电路

如图 5-6（a）所示，信号源（交流 220V，50Hz）与负载 R_1 形成回路，负载上的电压波形还是交流电。

如图 5-6（b）所示，信号源（交流 220V，50Hz）经整流管 S_1 整流后与负载 R_1 形成回路，负载上的电压波形就成为脉冲直流电，即整流器"削去了"交流电的负半周。该电路采用一个二极管整流器，因此，是"半波整流"。

半波整流电路特点

单相半波整流电路具有结构简单、使用元件少的优点，但是也存在着一些缺点：如输出波形脉动大，直流的成分较少，变压器只有半个周期导电，利用率低；变压器电流含有直流成分，容易饱和。因此，一般只在输出电流较低，要求不太高的电路中运用。

选用半波整流二极管时应满足下列两个条件：①二极管允许最大反向电压应大于承受的反向峰值电压；②二极管允许最大整流电流应大于流过二极管的实际工作电流。

整流二极管的外壳封装常采用金属壳封装、塑料封装和玻璃封装三种形式。常见的整流二极管外形结构如图 5-7 所示。

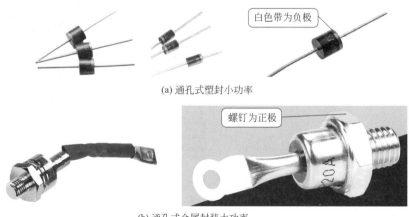

(a) 通孔式塑封小功率

(b) 通孔式金属封装大功率

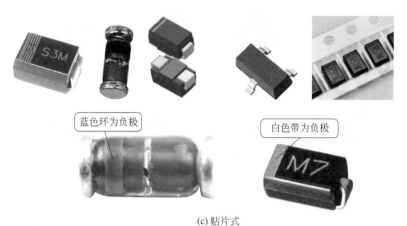

蓝色环为负极

白色带为负极

(c) 贴片式

图 5-7　常见整流二极管的外形结构

5.3.2　整流桥

1. 整流桥的外形结构

由于整流电路通常为桥式整流电路，将几个整流二极管封装在一起的组件叫整流桥。常用整流桥分为单相半桥、单相全桥和三相全桥几种，单相半桥（全波）内部封装有 2 个二极管，单相全桥（桥式）内部封装有 4 个二极管，三相全桥内部封装有 6 个二极管。常见的单相半桥外形及符号图如图 5-8 所示，单相整流桥外形及符号图如图 5-9 所示，三相全桥外形及符号图如图 5-10 所示。

共阳极　　　　　共阴极

(a) 外形图　　　　　　　　　　　(b) 符号图

图 5-8　单相半桥外形及符号图

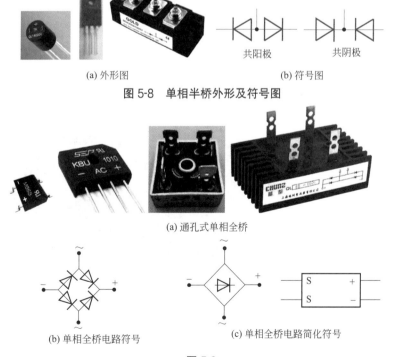

(a) 通孔式单相全桥

(b) 单相全桥电路符号　　　　(c) 单相全桥电路简化符号

图 5-9

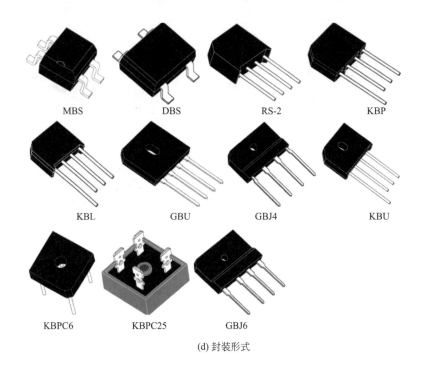

(d) 封装形式

图 5-9　单相整流桥外形及符号图

(a) 外形图　　　　　　　　　　(b) 符号图

图 5-10　三相全桥外形及符号图

2. 整流桥的仿真电路

单相半桥全波整流仿真电路如图 5-11 所示。

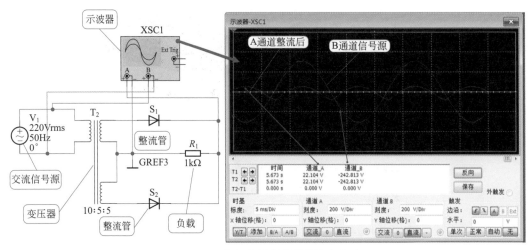

图 5-11　单相半桥全波整流仿真电路

全波整流电路特点

全波整流电路缺点：二极管所承受的反向峰值电压高，是半波整流电路的 2 倍；全波整流电路必须采用具有中心抽头的变压器，并且每个线圈只有一半时间参与导电，因此变压器的利用率也不高。

单相全波整流仿真电路如图 5-12 所示。

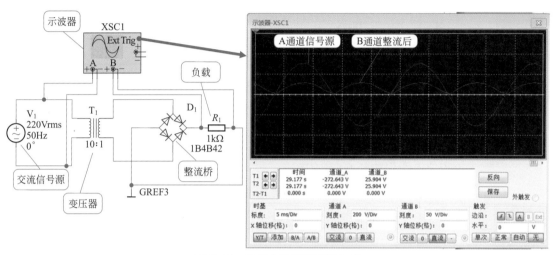

图 5-12　单相全波整流仿真电路

全桥整流电路特点

单相全桥整流电路输出的直流电压脉动小，由于能利用交流电的正、负半周，故整流效率高。

3. 整流桥的识别

整流桥的表面通常标注内部电路结构或交流输入端及直流输出端的名称，交流输入端通常用"AC"或者"～"表示；直流输出端通常以"+""–"符号表示，如图 5-13 所示。

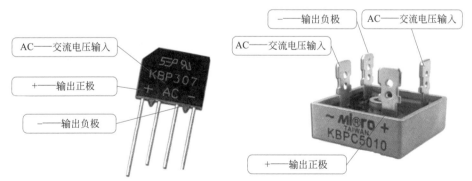

图 5-13　整流桥表面通常标注的引脚功能

4. 国产整流桥参数的标注

国产全桥参数 I_O 和 U_{RM} 的识别及标注方法常有以下几种。

（1）直接用数字标注

示例： QL1A/100 或 QL1A100，都表示正向电流为 1A、反向峰压为 100V 的全桥。

（2）字母表示 U_{RM}，数字表示 I_O

字母与 U_{RM} 值对应关系如表 5-2 所示。

表 5-2　字母与 U_{RM} 值对应关系

字母	A	B	C	D	E	F	G	H	J	K	L	M
电压 /V	25	50	100	200	300	400	500	600	700	800	900	1000

示例： QL2AF 表示一个电流为 2A、峰值为 400V 的全桥。

（3）字母表示 U_{RM}，数字码表示 I_O

数字码与 I_O 值对应关系如表 5-3 所示。

表 5-3　数字码与 I_O 值对应关系

数字	1	2	3	4	5	6	7	8	9	10
电流 /A	0.05	0.1	0.2	0.3	0.5	1	2	3	5	10

示例： QL2B 表示电流为 0.1A、峰值为 50V 的全桥。

5.3.3　检波二极管

检波二极管是用于把在高频载波上的低频信号卸载下来（去载）的器件，具有较高的检波效率和良好的频率特性。检波二极管的封装多采用玻璃结构，以保证良好的高频特性。常见的检波二极管外形结构如图 5-14 所示。

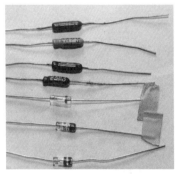 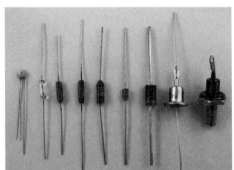

图 5-14　常见检波二极管外形结构

二极管的检波原理简述如下。

如图 5-15 所示是二极管检波原理图。图 5-15（a）是电视图像调制信号波形，其中包含电视信号和图像（视频）信号。载波信号能把图像信号从电视台"载运"到千家万户的天线上，图像信号经电视短路放大处理后，在屏幕上就变成电视图像。可见，图像信号是最终需要的信号，而载波信号只是"运载工具"，完成运载后就不再需要了。

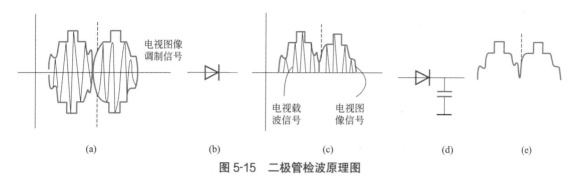

图 5-15　二极管检波原理图

图 5-15（a）中的视频调制信号经过图 5-15（b）中的检波二极管后，只有正半周信号才能通过二极管，这样就取得了图 5-15（c）所示的正半周调制信号。正半周调制信号再经过图 5-15（d）所示的滤波电路，就能滤除频率较高的载波，得到单纯的图像信号，如图 5-15（e）所示。

5.3.4　稳压二极管

1. 稳压二极管外形

稳压二极管国外又称齐纳二极管，它是利用硅二极管的反向击穿特性（雪崩现象）来稳定直流电压的，根据击穿电压来决定稳压值。因此，需注意的是，稳压二极管是加反向偏压的，主要用于稳压电源中的电压基准电路或用于过压保护电路中。常见的稳压二极管外形结构如图 5-16 所示。

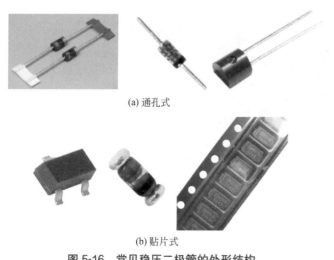

(a) 通孔式

(b) 贴片式

图 5-16　常见稳压二极管的外形结构

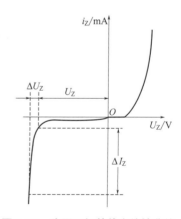

图 5-17　稳压二极管伏安特性曲线

2. 稳压二极管的伏安特性

稳压二极管是一种用特殊工艺制造的硅二极管，只要反向电流不超过极限电流，管子工作在击穿区就不会损坏，属于可逆击穿，这与普通二极管破坏性击穿是截然不同的。

稳压二极管的伏安特性曲线如图 5-17 所示。从稳压二极管的伏安特性曲线图上可以看出：稳压二极管击穿后，通过管子的电流（ΔI_Z）变化很大，而管子两端电压变化（ΔV_Z）很小，或者说管子两端的电压基本不变。

如图 5-18 所示是稳压管 02DZ4.7 的仿真伏安特性曲线，从图中我们可以看出它的稳压值在 $1 \sim 10V$ 之间。

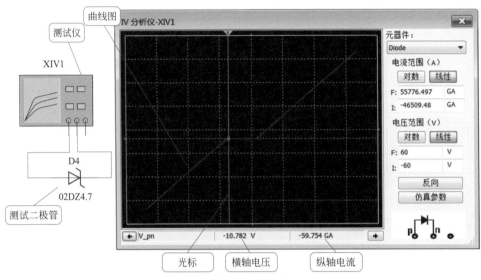

(a) 最高稳压值10.782V

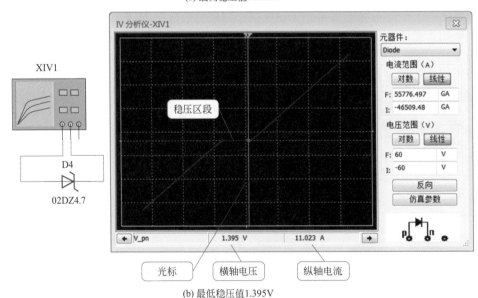

(b) 最低稳压值1.395V

图 5-18　稳压管 02DZ4.7 的仿真伏安特性曲线

3. 新型色环稳压二极管的识别

有一种新型色环稳压二极管，它的管壁主体颜色呈淡黄色或红色，用两道或三道色环来标注稳压值，距离阴极端为第一道色环，如图 5-19 所示。

稳压值低于 10V 的色环稳压二极管采用三道色环，第二道色环与第三道色环颜色相同。稳压值为 $10 \sim 99V$ 的稳压二极管采用两道色环标注。

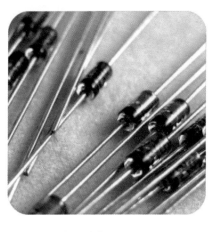

(a) 实物图

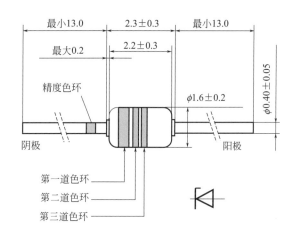

(b) 色环表示

图 5-19　新型色环稳压二极管

仅有两道色环的稳压二极管，其标称稳定电压为"××V"（几十几伏）。第一环表示电压十位上的数值，第二环表示个位上的数值，如第一、二环颜色依次为棕、红的色环稳压二极管，其稳压值为 12V。

有三道色环且第二、三两道色环颜色相同的稳压二极管，其标称稳定电压为"×.×V"（几点几伏）。第一环表示电压十位上的数值，第二环表示个位上的数值，第三环表示十分位（小数点后第一位）的数值。如色环颜色依次为棕、黑、黄的色环稳压二极管，其稳压值为 10.4V。

负极引线上的一道色环表示精度，白色表示低精度（误差为 5%），蓝色表示中等精度（误差为 3%），红色表示精度最高（误差为 1%）。各种颜色所代表的数值与色环电阻相同。

5.3.5　开关二极管

由于二极管具有单向导电的特性，在正偏压下 PN 结导通，在导通状态下的电阻很小，为几十至几百欧；在反向偏压下，则呈截止状态，其电阻很大，一般硅管在 10MΩ，锗管也有几十至几百千欧姆。利用这一特性，二极管将在电路中起到控制电流接通或关断的作用，成为一个理想的电子开关。开关二极管就是为在电路上进行"开""关"而特殊设计制造的一类二极管。开关二极管从静止到导通的时间叫开通时间，从导通到静止的时间叫反向恢复时间；两个时间之和称为开关时间。一般反向恢复时间大于开通时间，故在开关二极管的使用参数上只给出反向恢复时间。

常见开关二极管外形结构如图 5-20 所示。

(a) 通孔式

(b) 贴片式

图 5-20　常见开关二极管外形结构

5.3.6 双向触发二极管

1. 双向触发二极管结构

双向触发二极管由 NPN 三层结构组成，它是一个具有对称性质的半导体二极管器件，可等效为基极开路、集电极与发射极对称的 NPN 半导体三极管，如图 5-21 所示。常见双向触发二极管外形结构如图 5-22 所示。

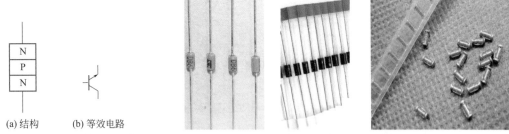

(a) 结构　　(b) 等效电路

图 5-21　双向触发二极管结构及等效电路　　图 5-22　常见双向触发二极管外形结构

2. 双向触发二极管伏安特性

双向触发二极管伏安特性如图 5-23 所示，其正向和反向具有相同负阻特性。当双向触发二极管两端所加电压 V 低于正向转折电压 V_{BO} 时，器件呈高阻状态。当外加电压升高到 V_{BO} 时，器件击穿导通，由高阻转为低阻进入负阻区。同样，当所加电压大于反向转折电压 $-V_{BO}$ 时，器件也会击穿导通进入负阻区。有时又把转折电压称为穿透电压或击穿电压。转折电压的对称性用正负转折电压的绝对值之差表示。特性曲线中的 ΔV 为动态回转电压，I_B 为漏电流，I_{BO} 为转折电流，I_F 为正向电流，$-I_F$ 为反向电流。

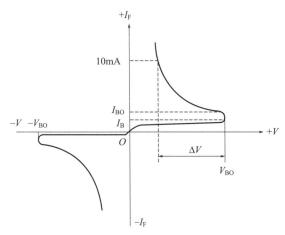

图 5-23　双向触发二极管伏安特性

5.3.7　变容二极管

变容二极管相当于一个容量可变的电容，其两个电极之间的 PN 结电容大小随外加反向偏压大小的改变而改变，通常用于手机、电视机等振荡电路，与其他元件一起构成 VCO（压控振荡器）。常见变容二极管外形结构如图 5-24 所示。

(a) 通孔式   (b) 贴片式

图 5-24 常见变容二极管外形结构

变容二极管伏安特性如图 5-25 所示，它工作在反向偏置区，为反偏压二极管，其结电容就是耗尽层的电容，因此可以把耗尽层看作两个导电板之间有介质的平行板电容。结电压的大小与反偏压的大小有关，反偏压越大，结电容就越小；反之，结电容就越大。

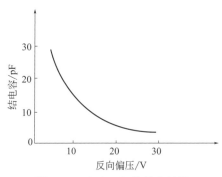

图 5-25 变容二极管伏安特性

5.3.8 肖特基二极管

肖特基二极管是近几年来投入市场的低功耗、大电流、超高速的半导体器件。它的反向恢复时间极短，可缩短到 10ns 以内。其正向电流大，可达上百安，但正向压降较低，不大于 0.4V。它的反向耐压值较低，一般不超过 100V，因此，肖特基二极管只适宜在低压、大电流条件下工作，可用于高频大电流的整流及高频大功率开关电路中作续流及保护元件。

肖特基二极管的封装形式有单二极管和双二极管之分，单二极管有两个引脚，双二极管有三个引脚。双二极管封装形式中又分为共阴极、共阳极及串联三种方式。肖特基二极管外形结构如图 5-26 所示。

(a) 通孔式肖特基二极管

图 5-26

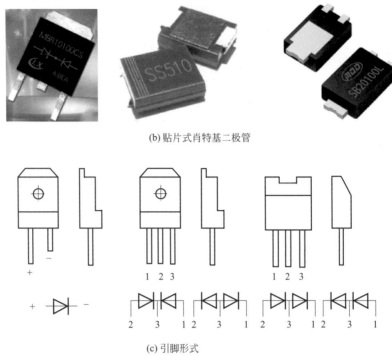

(b) 贴片式肖特基二极管

(c) 引脚形式

图 5-26　肖特基二极管外形结构

5.4
二极管的主要特性参数

5.4.1　普通二极管的主要特性参数

普通二极管的主要特性参数如表 5-4 所示。

表 5-4　普通二极管的主要特性参数

特性参数	解　说
额定正向工作电流	额定正向工作电流是指二极管长期连续工作时允许通过的最大正向电流值。因为电流通过管子时会使管芯发热，温度上升，温度超过容许限度（硅管为 140℃左右，锗管为 90℃）时，就会使管芯过热而损坏。所以，二极管使用中不要超过二极管额定正向工作电流值
反向击穿电压	在二极管上加反向电压时，反向电流会很小。当反向电压增大到某一数值时，反向电流将突然增大，这种现象称为击穿。二极管反向击穿时，反向电流会剧增，此时二极管就失去了单向导电性。二极管产生击穿时的电压叫反向击穿电压
最高反向工作电压 U_R	最高反向工作电压是保证二极管不被击穿而给出的反向峰值电压。加在二极管两端的反向电压高到一定值时，会将管子击穿，失去单向导电能力。为了保证使用安全，规定了最高反向工作电压
最大浪涌电流 I_F	最大浪涌电流是二极管允许流过的最大正向电流。最大浪涌电流不是二极管正常工作时的电流，而是瞬间电流，通常大约为额定正向工作电流的 20 倍

特性参数	解　说
最高工作频率 f_M	最高工作频率是指二极管在正常工作条件下的最高频率。如果加给二极管的信号频率高于该频率，二极管将不能正常工作，它的大小通常与二极管的 PN 结面积有关，PN 结面积越大，f_M 越低，故点接触型二极管的 f_M 较高，而面接触二极管的 f_M 较低
正向电压降 V_F	二极管通过额定电压时，在极间产生点电压降
最大功率	最大功率就是加在二极管两端的电压乘以流过的电流，它对稳压二极管等显得特别重要

5.4.2　其他二极管的特有参数

其他二极管除了普通二极管的基本参数以外，还有其他参数，分别介绍如下。

1. 变容二极管的其他参数

变容二极管的其他参数如表 5-5 所示。

表 5-5　变容二极管的其他参数

参数	解　说
结电容 C	是指在一特定的反偏压下，变容二极管内部 PN 结的电容
结电容变化范围	在工作电压范围内结电容的变化范围
电容比	是指结电容变化范围内的最大电容与最小电容之比
Q 值	是变容二极管的品质因数，它反映了对回路能量的损耗

2. 稳压二极管的其他参数

稳压二极管的其他参数如表 5-6 所示。

表 5-6　稳压二极管的其他参数

参数	解　说
稳定电压 V_Z	稳压二极管在起稳压作用的范围内，其两端的反向电压值称为稳定电压
最高结温 T_{JM}	稳压二极管在工作状态下，PN 结的最高温度
反向测试电流 I_Z	测试反向参数时，给定的反向电流

5.5
二极管的常见故障

扫一扫 看视频

5.5.1　短路

二极管短路故障，常表现出正、反向电阻值都为 0，此时二极管失去了单向导电能力。

二极管短路很容易判断，可用万用表测量正、反向电阻，如果阻值都为0，就说明二极管发生了短路故障。

二极管产生短路故障的原因较多，可分为电压和电流两方面。在电压方面，电压过高会使二极管PN结击穿，使两极间直接双向导通电流；如果是二极管本身变质，使耐压参数降低，同样会造成二极管击穿短路。在电流方面，导通电流过大，也会引起温度过高使二极管PN结烧坏，形成短路故障。

5.5.2　断路

二极管断路故障分电性能与机械两方面故障。在电性能方面，断路是短路故障继续的结果。二极管短路之后，较大电流使二极管温度继续升高，将导致PN结最终烧断。在机械方面，断路是二极管电极因某种原因断开而造成的，如电极因受潮锈断或因过大机械振动使PN结管芯内部与电极断开。

二极管出现断路故障后，正、反向电阻都变为无穷大，可通过测量正、反向电阻来判断。如果测得某个二极管正、反向电阻都是无穷大，那么这个二极管就存在断路故障。

5.5.3　变质

二极管变质故障是一种介于短路与断路之间的情形，属于未短路，也未断路，但又确已损坏的特殊故障。它比短路、断路故障更复杂，这种故障多在正、反向电阻上有所表现。例如硅二极管的正向电阻大于6kΩ，锗二极管的正向电阻大于1kΩ，正向导通电流就会减小，使流过二极管的正向电流损失加重，会引起某些电路不能正常工作，就是变质。

5.6
二极管的检测

扫一扫 看视频

5.6.1　指针式万用表检测普通二极管

普通二极管（整流二极管）正反向电阻检测如图5-27所示，测量判断的依据：二极管的正向电阻小，反向电阻大。

指针式万用表检测二极管前应选择 $R \times 1k$ 挡位，并欧姆调零。将两表笔分别接在二极管的两个引线上，测出电阻值，如图5-27（a）所示；然后对换两表笔，再测出一个阻值，如图5-27（b）所示，然后根据这两次测得的结果，判断出二极管的质量好坏与极性。

二极管测量结果的分析与判断如表5-7所示。

表 5-7　二极管测量结果的分析与判断

测量数据	结　　论
一次阻值大，一次阻值小	阻值小时黑表笔接的是二极管的正极，红表笔接的是二极管的负极。二极管正常
两次阻值都很大	二极管断路
两次阻值都很小	二极管短路

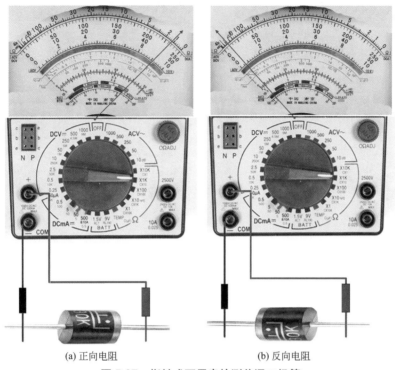

(a) 正向电阻　　　　　　　　(b) 反向电阻

图 5-27　指针式万用表检测普通二极管

> **注意**　由于二极管的伏安特性是非线性的，使用万用表的不同电阻挡测量二极管的电阻时，会得出不同的电阻值；实际使用时，流过二极管的电流会较大，因此二极管呈现的电阻值会更小些。

另外，开关二极管、阻尼二极管、隔离二极管、钳位二极管、快恢复二极管等，可参考整流二极管的识别与判断。

5.6.2　数字式万用表检测普通二极管

红表笔插入"V／Ω"插孔，黑表笔插入"COM"插孔，将数字式万用表置于二极管挡，如图 5-28（a）所示。

将两支表笔分别接触二极管的两个电极，如果显示溢出符号"1"，说明二极管处于反向截止状态，此时黑笔接的是二极管正极，红笔接的是二极管负极，如图 5-28（b）所示。反之，如果显示值在 100 mV 以下，则二极管处于正向导通状态，此时与红笔接的是二极管正极，与黑笔接的是二极管负极，如图 5-28（c）所示。数字式万用表实际上测的是二极管两端的压降。

二极管是由哪种材料制成的，可使用数字式万用表加以判断。将数字式万用表调至二极管挡，红表笔接二极管正极，黑表笔接二极管负极，此时万用表的显示屏可显示出二极管的正向压降值。不同材料的二极管，它的正向压降是不同的。如果万用表显示的电压值在 0.150～0.300V 之间，则说明被测二极管是锗材料制成的；如果万用表显示的电压值在 0.400～0.700V 之间，则说明被测二极管是硅材料制成的，如图 5-28（c）所示的二极管是硅材料（0.616V）。

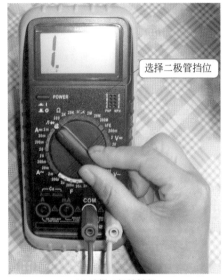

(a) 选择二极管挡位　　　　　　　　(b) 反向电阻　　　　　　　　(c) 正向电阻

图 5-28　数字式万用表检测普通二极管

5.6.3　整流桥检测

指针式万用表检测二极管前应选择 $R \times 1k$ 挡位，并欧姆调零。

如图 5-29（a）所示是测量"+"极与两个"～"间各整流二极管的正向电阻值；图 5-29（b）所示是测量"+"极与两个"～"间各整流二极管的反向电阻值。

如图 5-29（c）所示是测量"−"极与两个"～"间各整流二极管的正向电阻值。如图 5-29（d）所示是测量"−"极与两个"～"间各整流二极管的反向电阻值。

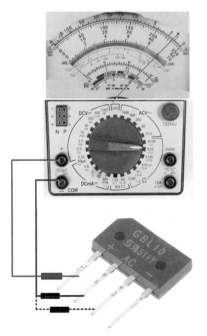

(a) "+"与"～"之间正向电阻　　　　(b) "+"与"～"之间反向电阻

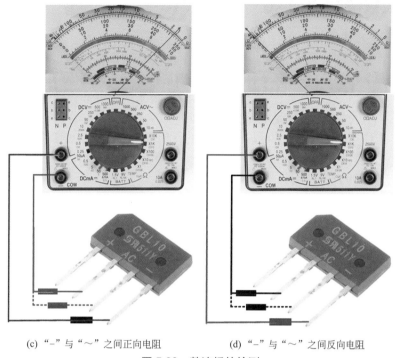

(c) "−"与"～"之间正向电阻　　　　　(d) "−"与"～"之间反向电阻

图 5-29　整流桥的检测

　　检测时，可通过分别测量"+"极与两个"～"、"−"极与两个"～"之间各整流二极管的正、反向电阻值（与普通二极管的测量方法相同）是否正常，来判断该全桥是否已损坏。若测得全桥内某只二极管的正、反向电阻值均为 0 或均为无穷大，则可判断桥内部该二极管已击穿或开路损坏。

5.7
二极管的选用和代换

5.7.1　二极管的正确选用

（1）按电压参数选用的原则

　　二极管电压参数方面的要求比较多，例如整流电压、正向电压、最大正向电压、稳定电压、反向电压、反向击穿电压、最大反向峰值电压、反向浪涌电压等，了解上述电压的内容，就能按电压参数正确选用二极管，以保证二极管在应用中能长期、可靠、稳定地工作。

（2）按电流参数选用的原则

　　二极管的电流参数也很多，例如整流电流、正向电流、最大正向电流、最大整流电流、稳定电流、最大稳定电流、反向电流、浪涌电流等。简单地讲，就是在应用二极管时，不能因电流过大而烧坏二极管。

5.7.2　二极管的代换

（1）应满足三项主要参数

如没有同型号的管子更换时，应查看晶体管手册，选用三项主要参数（最大整流电流 I_{FM}、最高反向工作电压 V_{RM}、最高工作频率 f_M）满足要求的其他型号的二极管代换。当然，如果三项主要参数比原管子都大，一定可满足电路的要求。但并非代换管子一定要比原管子各项参数都高才行，关键是能满足电路的需要即可。

耐压高、工作电流大的管子可以代换小的，但后者不能代换前者。如 1N 系列中的 1N4007（1000V/1A）可代换 1N4000（25V/1A）～ 1N4006（800V/1A）等，1N5408（1000V/3A）可代换 1N4007（1000V/1A）等。

（2）考虑材料问题

硅管与锗管在特性上是有一定差异的，一般不宜互相代用。

（3）开关管的代换

高速开关二极管可以代换普通开关二极管，反向击穿电压高的开关二极管可以代换反向击穿电压低的开关二极管。

（4）稳压二极管的代换

① 不同型号的稳压二极管的稳定电压值不同，所以要尽量用原型号的稳压二极管代换。

② 如果稳压二极管稳定电压值与所需要求相差一点，可以采取串联普通硅二极管的办法来代换，其连接方式如图 5-30 所示。

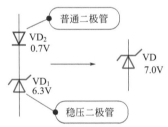

图 5-30　稳压二极管与普通硅二极管串联

③ 用两只管子或三只顺向测量，如图 5-31（a）所示，串联后总稳压值为各管稳压值之和。

④ 用两只管子逆向串联，如图 5-31（b）、图 5-31（c）所示，串联后总稳压值为反偏电压（稳压值）加上正偏电压（0.7V）。

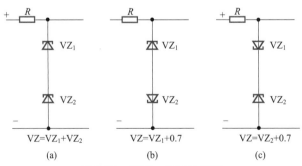

图 5-31　稳压二极管的串联

第6章
三极管

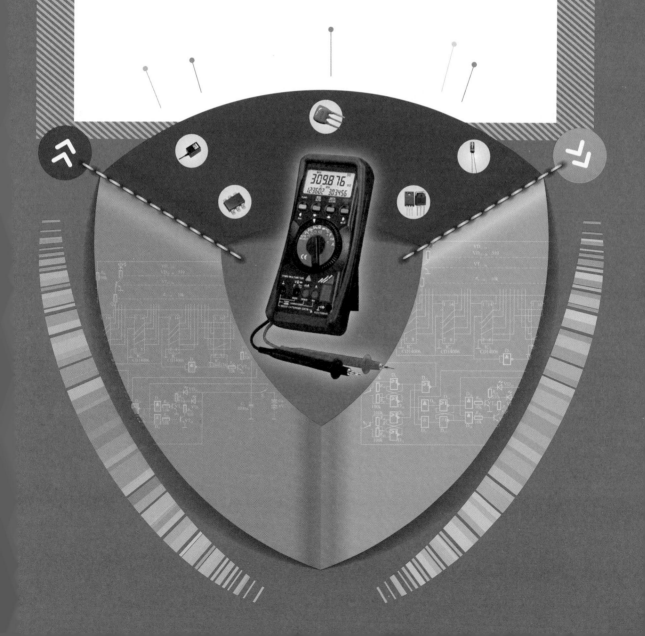

扫一扫 看视频

6.1
三极管的作用、图形符号及伏安特性

6.1.1 三极管的作用、图形符号

1.三极管的作用

三极管在电路中主要有信号放大和开关的作用。

三极管是一个电流控制器件，用一个很小的基极电流就能控制一个很大的集电极电流或发射极电流。基极电流能够控制集电极或发射极电流，也就是电流的放大，三极管对信号的放大运用这一特性实现。

三极管在工作时有三种状态，即放大状态、截止状态和饱和状态。

（1）三极管放大状态

分压式放大电路的基本组成如图6-1所示，各元件的主要作用如下。

Q_1 为三极管放大管；R_{11}、R_{12} 分别为上、下偏置电阻，把电源分压后给三极管提供正偏；R_{13} 为供电电阻，为三极管提供反偏，它同时又把放大电流转换为电压，因此又称为负载电阻；R_{14} 为发射极电阻，又称为负反馈电阻；C_2、C_1 分别为输入、输出耦合电容；V_3 为电源。

下面用仿真来观察三极管的放大情况。信号源 V_1 接入输入端，双踪示波器 XSC2 的 A 探头连接输入信号，B 探头连接输出信号。

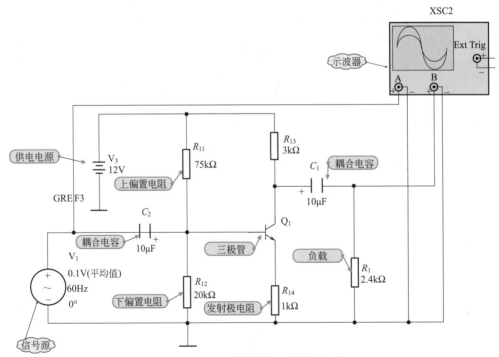

图 6-1 分压式放大电路的基本组成

放大器的仿真图如图6-2所示。从图6-2中，可以看出：

① 输入信号电压与输出信号电压相位是相反的，例如通道 A 电压是 -120.544mV，通道 B 电压是 161.860mV，因此该放大电路对电压具有"倒相"作用，也是放大器的一个重要特性。

② 输出信号比输入放大了许多倍。

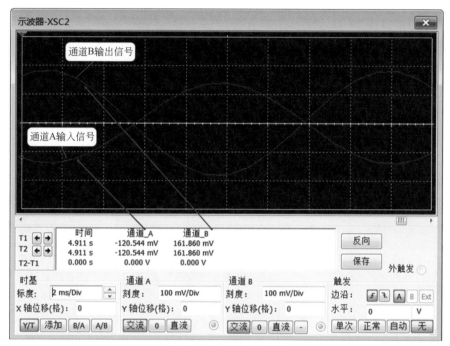

图 6-2　放大器的仿真图

（2）三极管开关

截止状态实际上就是"关"，饱和状态实际上就是"开"，因此，三极管就是一个理想的无触点电子开关器件。

下面用仿真来观察三极管的开关情况。三极管开关电路原理如图 6-3 所示。

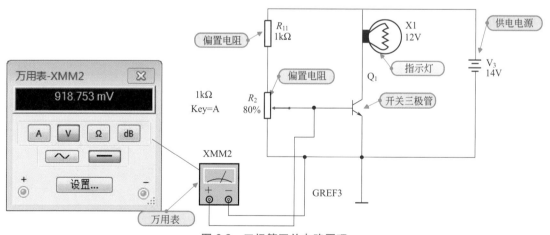

图 6-3　三极管开关电路原理

图 6-3 中的滑动电位器处在 80% 位置时，也即三极管基极电压在 918.753mV 时，我们会发现指示灯不点亮，表明三极管处于截止状态。

当滑动电位器处在 0% 位置时，如图 6-4 所示，也即三极管基极电压在 951.986mV 时，会发现指示灯就点亮，表明三极管处于饱和状态。

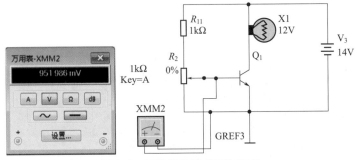

图 6-4　三极管处于"开"状态

如表 6-1 所示是三极管三种工作状态的有关特点。

表 6-1　三极管三种工作状态的有关特点

工作状态	特点	电流特征	解说
截止状态	集电极与发射极之间内阻很大	$I_B=0$ 或很小，I_C 和 I_E 也为 0 或很小，因为 $I_C=\beta I_B$，$I_E=(1+\beta) I_B$	利用电流为 0 或很小的特征，可以判断三极管已处于截止状态
放大状态	集电极与发射极之间内阻受基极电流大小控制，基极电流大，其内阻小	$I_C=\beta I_B$，$I_E=(1+\beta) I_B$	有一个基极电流就会有一个对应的集电极电流和发射极电流，基极很小的电流就能够控制集电极电流和发射极电流
饱和状态	集电极与发射极之间内阻很小	各电极电流均很大，基极电流已无法控制集电极电流和发射极电流	电流放大倍数已很小，甚至小于 1

2. 三极管的图形符号

三极管在电路中常用字母"Q""V"或"VT"加数字表示，三极管从结构上来讲分为两类：NPN 型三极管和 PNP 型三极管，如图 6-5 所示为三极管的结构示意图和符号。

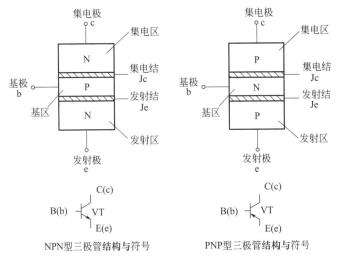

NPN型三极管结构与符号　　　PNP型三极管结构与符号

图 6-5　三极管的结构示意图和符号

符号中发射极上的箭头方向，表示发射结正偏时电流的流向。

6.1.2 三极管的伏安特性

三极管的特性曲线是指三极管的各电极电压与电流之间的关系曲线，它反映出三极管的特性。它可以用专用的图示仪进行显示，也可通过实验测量得到。以 NPN 型硅三极管为例，其常用的特性曲线有以下两种。

1. 输入特性曲线

它是指一定集电极和发射极电压 U_{CE} 下，三极管的基极电流 I_B 与发射结电压 U_{BE} 之间的关系曲线。实验测得三极管的输入特性曲线如图 6-6 所示。由于基极与发射极之间的发射结相当于一个二极管，所以输入特性曲线与二极管的正向特性曲线相似，只有当 U_{BE} 大于死区电压时，三极管才出现基极电流。这个死区电压的大小与三极管的材料有关：硅管约 0.5V，锗管约 0.2V，这是检查三极管或电路是否正常的重要依据。

2. 输出特性曲线

它是指一定基极电流 I_B 下，三极管的集电极电流 I_C 与集电结电压 U_{CE} 之间的关系曲线。实验测得三极管的输出特性曲线如图 6-7 所示。

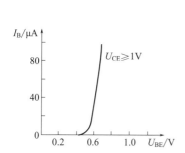

图 6-6　三极管的输入特性曲线

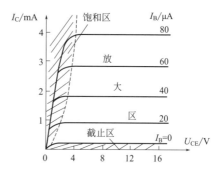

图 6-7　三极管的输出特性曲线

一般把三极管的输出特性分为 3 个工作区域，下面分别介绍。

（1）截止区

是 $I_B=0$ 以下的区域，即 U_{BE} 在死区电压内，故发射结为反向偏置。三极管工作在截止状态时，具有以下几个特点：

① 发射结和集电结均反向偏置；

② 若不计穿透电流 I_{CEO}，则 I_B、I_C 近似为 0；

③ 三极管的集电极和发射极之间电阻很大，三极管相当于一个开关断开。

（2）放大区

图 6-7 中，输出特性曲线近似平坦的区域称为放大区。三极管工作在放大状态时，具有以下特点：

① 三极管的发射结正向偏置，集电结反向偏置。

② 基极电流 I_B 微小的变化会引起集电极电流 I_C 较大的变化，电流关系式为 $I_C=\beta I_B$。

③ 对于 NPN 管子电位应 $V_C > V_B > V_E$，对于 PNP 管子电位应 $V_E > V_B > V_C$。

（3）饱和区

三极管工作在饱和状态时具有如下特点：

① 三极管的发射结和集电结均正向偏置。

② 三极管的电流放大能力下降，通常有 $I_C < \beta I_B$。

③ U_{CE} 的值很小，称此时的电压 U_{CE} 为三极管的饱和压降，用 U_{CES} 表示。一般硅三极管的 U_{CES} 约为 0.3V，锗三极管的 U_{CES} 约为 0.1V。

④ 三极管的集电极和发射极近似短接，三极管类似于一个开关导通。

三极管作为开关使用时，通常工作在截止和饱和导通状态；作为放大元件使用时，一般要工作在放大状态。

在以上三个区域，三极管偏置电压的特点及电流特征等如表 6-2 所示。

表 6-2　三极管偏置电压的特点及电流特征

工作状态	特点	定义	电流特征	说明
截止区	发射结反偏，集电结反偏	集电极与发射极之间内阻很大	$I_B=0$ 或很小，I_C 和 I_E 也为 0 或很小	利用电流为 0 或很小的特征，可以判断三极管已处于截止状态
放大区	发射结正偏，集电结反偏	集电极与发射极之间内阻受基极电流大小的控制，基极电流大，其内阻小	$I_C=\beta I_B$ $I_E=(1+\beta)I_B$	有一个基极电流就有一个对应的集电极电流和发射极电流，基极电流能够有效地控制集电极和发射极电流
饱和区	发射结正偏，集电结正偏	集电极与发射极之间内阻小	各电极电流均很大，基极电流已无法控制集电极电流与发射极电流	电流放大倍数 β 已很小，甚至小于 1

3. 三极管输出特性曲线仿真图

三极管 2N1711 输出特性曲线仿真图如图 6-8 所示。

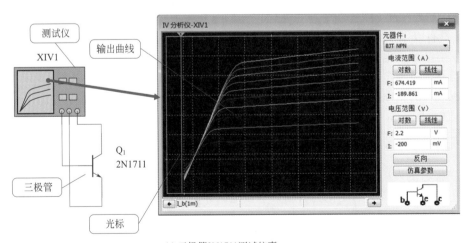

(a) 三极管2N1711测试仿真

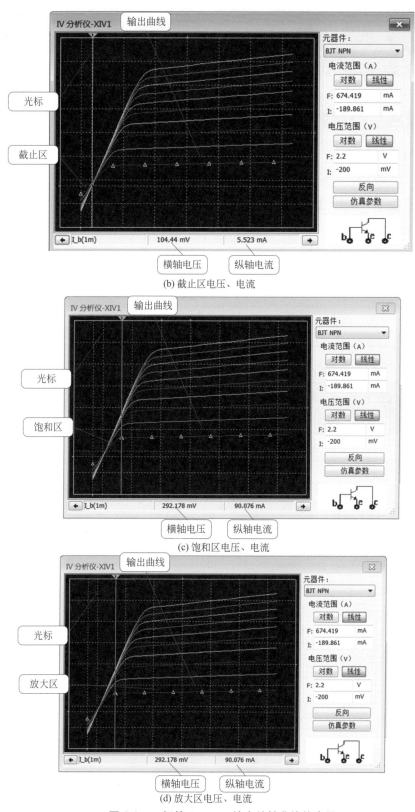

(b) 截止区电压、电流

(c) 饱和区电压、电流

(d) 放大区电压、电流

图 6-8 三极管 2N1711 输出特性曲线仿真图

6.2
三极管的型号命名方法

6.2.1　国产三极管的型号命名方法

国产三极管的型号命名由五部分组成，各部分的组成如图 6-9 所示，各部分的含义如表 6-3 所示。

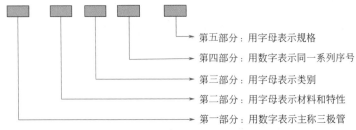

第五部分：用字母表示规格

第四部分：用数字表示同一系列序号

第三部分：用字母表示类别

第二部分：用字母表示材料和特性

第一部分：用数字表示主称三极管

图 6-9　国产三极管型号组成及含义

表 6-3　国产三极管的型号命名及含义

第一部分：主称		第二部分：三极管的材料和特性		第三部分：类别		第四部分：序号	第五部分：规格号
数字	含义	字母	含义	字母	含义		
3	三极管	A	锗材料、PNP 型	X	低频小功率管（$f_a < 3\mathrm{MHz}$，$P_C < 1\mathrm{W}$）	用数字表示器件的序号	用汉语拼音字母表示规格号
				G	高频小功率管（$f_a \geqslant 3\mathrm{MHz}$，$P_C < 1\mathrm{W}$）		
		B	锗材料、NPN 型	D	低频大功率管（$f_a < 3\mathrm{MHz}$，$P_C \geqslant 1\mathrm{W}$）		
				A	高频大功率管（$f_a \geqslant 3\mathrm{MHz}$，$P_C \geqslant 1\mathrm{W}$）		
		C	硅材料、PNP 型	T	半导体闸流管		
				B	雪崩管		
		D	硅材料、NPN 型	J	阶跃恢复管		
				CS	场效应器件		
		E	化合物材料	BT	半导体特殊器件		
				FH	复合管		
				PIN	PIN 型管		
				JG	激光器件		

国产三极管命名方法示例：

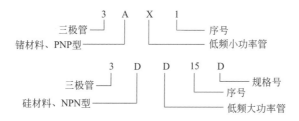

6.2.2 美国晶体管的命名方法

美国电子工业协会（EIA）规定的晶体管分立器件型号的命名方法如表 6-4 所示。

表 6-4　美国电子工业协会晶体管的命名方法

第一部分		第二部分		第三部分		第四部分		第五部分	
用符号表示 用途的类别		用数字表示 PN 结的数目		美国电子工业协会 （EIA）注册标志		美国电子工业协会 （EIA）登记顺序号		用字母表示 器件分档	
符号	意义	符号	意义	符号	意义	符号	意义	符号	意义
JAN 或 J	军用品	1	二极管	N	该器件已在美国电子工业协会注册登记	多位数	该器件在美国电子工业协会登记的顺序号	AB CD ……	同一型号的不同档别
		2	三极管						
无	非军用品	3	三个 PN 结器件						
		n	n 个 PN 结器件						

美国晶体管型号命名法的特点：

① 型号命名法规定较早，又未作过改进，型号内容很不完备。例如，对于材料、极性、主要特性和类型，在型号中不能反映出来。例如，2N 开头的既可能是一般晶体管，也可能是场效应管。因此，仍有一些厂家按自己规定的型号命名法命名。

② 组成型号的第一部分是前缀，第五部分是后缀，中间的三部分为型号的基本部分。

③ 除去前缀以外，凡型号以 1N、2N 或 3N…开头的晶体管分立器件，大都是美国制造的，或是按美国专利在其他国家制造的产品。

④ 第四部分数字只表示登记序号，而不含其他意义。因此，序号相邻的两器件可能特性相差很大。例如，2N3464 为硅 NPN，高频大功率管，而 2N3465 为 N 沟道场效应管。

⑤ 不同厂家生产的性能基本一致的器件，都使用同一个登记号。同一型号中某些参数的差异常用后缀字母表示。因此，型号相同的器件可以通用。

⑥ 登记序号数大的通常是近期产品。

美国三极管命名方法示例：

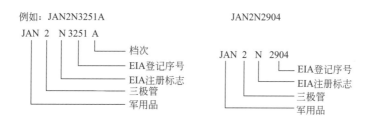

6.2.3　日本晶体管的命名方法

日本半导体分立器件的型号由 5 ～ 7 个部分组成，通常只用到前 5 个部分，各部分的符号及其含义如表 6-5 所示。

表 6-5　日本晶体管各部分的符号及其含义

第一部分		第二部分		第三部分		第四部分		第五部分	
用数字表示类型或有效电极数		表示日本电子工业协会（EIAJ）注册产品		用字母表示器件的极性及类型		用数字表示在日本电子工业协会登记的顺序号		用字母表示对原来型号的改进产品	
符号	含义	符号	含义	符号	含义	符号	含义	符号	含义
0	光电（即光敏）二极管、晶体管及组合管	S	表示已在日本电子工业协会（EIAJ）注册登记的半导体分立器件	A	PNP 型高频管	两位以上的整数	从"11"开始，表示日本电子工业协会注册登记的顺序号；不同公司性能相同的器件可以使用同一顺序号；数字越大，越是近期产品	AB CD EF	用字母表示对原来型号的改进产品
				B	PNP 型低频管				
1	二极管			C	NPN 型高频管				
2	三极管或具有两个 PN 结的其他晶体管			D	NPN 型低频管				
				F	P 控制极晶闸管				
				G	N 控制极晶闸管				
3	具有 4 个有效电极或具有 3 个 PN 结的晶体管			H	N 基极单结晶体管				
				J	P 沟道场效应管				
				K	N 沟道场效应管				
$n-1$	具有 n 个有效电极或具有 $n-1$ 个 PN 结的晶体管			M	双向晶闸管				

日本半导体器件型号命名法的特点如下。

① 型号中的第一部分是数字，表示器件的类型和有效电极数。例如，用"1"表示二极管，用"2"表示三极管。而屏蔽用的接地电极不是有效电极。

② 第二部分均为字母 S，表示日本电子工业协会注册产品，而不表示材料和极性。

③ 第三部分表示极性和类型。例如用 A 表示 PNP 型高频管，用 J 表示 P 沟道场效应三极管。但是，第三部分既不表示材料，也不表示功率的大小。

④ 第四部分只表示在日本电子工业协会（EIAJ）注册登记的顺序号，并不反映器件的性能，顺序号相邻的两个器件的某一性能可能相差很远。例如，2SC2680 型的最大额定耗散功率为 200mW，而 2SC2681 的最大额定耗散功率为 100W。但是，登记顺序号能反映产品时间的先后。登记顺序号的数字越大，越是近期产品。

⑤ 第六、七两部分的符号和意义各公司不完全相同。

⑥ 日本有些半导体分立器件的外壳上标记的型号,常采用简化标记的方法,即把2S省略。例如，2SD764 简化为 D764，2SC502A 简化为 C502A。

⑦ 在低频管（2SB 和 2SD 型）中，也有工作频率很高的管子。例如，2SD355 的特征频

率 f_T 为 100MHz，所以，它们也可当高频管用。

⑧ 日本通常把 $P_{CM} \geqslant 1W$ 的管子，称作大功率管。

日本三极管命名方法示例：

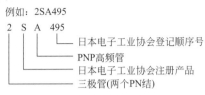

例如：2SA495

2　S　A　495

└── 日本电子工业协会登记顺序号

└── PNP高频管

└── 日本电子工业协会注册产品

└── 三极管(两个PN结)

6.3
三极管的分类

常见三极管的分类如图 6-10 所示。

扫一扫 看视频

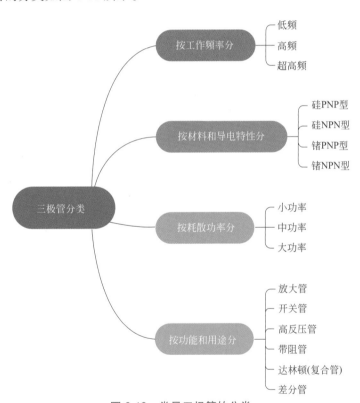

图 6-10　常见三极管的分类

三极管的种类较多。按三极管制造的材料来分，有硅管和锗管两种；按三极管的内部结构来分，有 NPN 和 PNP 两种；按三极管的工作频率来分，有低频管和高频管两种；按三极管允许耗散的功率来分，有小功率管、中功率管和大功率管。

6.3.1　小功率三极管

小功率三极管是电子产品中用得最多的三极管之一。在通常情况下，把集电极最大允许

耗散功率 P_{CM} 在 1W 以下的三极管称为小功率三极管。具体形状有很多，主要用来放大交、直流信号如用来放大音频、视频的电压信号，作为各种控制电路中的控制器件等。常见的小功率三极管外形如图 6-11 所示，其中金属封装型在 20 世纪 90 年代的电子产品中较为多见，现在产品中几乎没有了。

(a) 金属封装   (b) 塑料封装   (c) 贴片式

图 6-11　常见小功率三极管的外形

6.3.2　中功率三极管

中功率三极管主要用在驱动和激励电路中，为大功率放大器提供驱动信号。常见的中功率三极管外形如图 6-12 所示。

(a) 金属封装   (b) 塑料封装   (c) 贴片式

图 6-12　常见中功率三极管的外形

6.3.3　大功率三极管

集电极最大允许耗散功率 P_{CM} 在 10W 以上的三极管称为大功率三极管。由于大功率三极管耗散功率较大，工作时往往会引起芯片内温度过高，所以要设置散热片，根据这一特征可以判别是否是大功率三极管。大功率三极管常在大功率放大器中使用，通常情况下，三极管输出功率越大，其体积也越大，在安装时所需要的散热片也越大。常见的大功率三极管外形如图 6-13 所示。

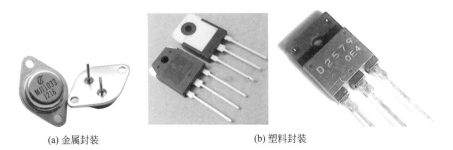

(a) 金属封装   (b) 塑料封装

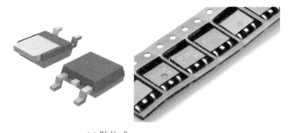

(c) 贴片式

图 6-13　常见大功率三极管的外形

6.3.4　带阻三极管

　　由于带阻三极管通常应用在数字电路中，因此带阻三极管有时候又被称为数字三极管或者数码三极管。带阻三极管一般有两种类型：一是带电阻三极管，如图 6-14（b）所示；二是带阻尼（阻尼二极管）三极管，带阻尼三极管是将三极管与阻尼二极管、保护电阻封装为一体构成的特殊三极管，常用于彩色电视机和计算机显示器的行扫描电路中，如图 6-14（c）所示。带阻三极管外形结构见图 6-14（a）。

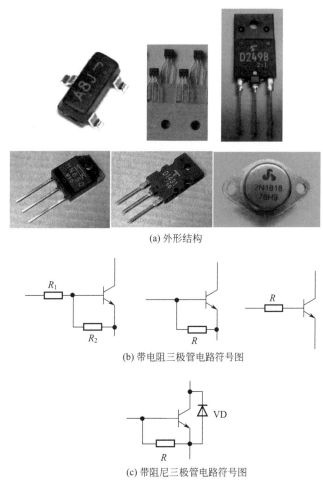

(a) 外形结构

(b) 带电阻三极管电路符号图

(c) 带阻尼三极管电路符号图

图 6-14　常见带阻三极管外形及符号图

6.3.5 达林顿管

达林顿管是复合管的一种连接形式。它将两只三极管或更多只三极管集电极连在一起，而将第一只三极管的发射极直接耦合到第二只三极管的基极，依次级联而成。达林顿管的放大系数很高，主要用于高增益放大电路、电动机调速、逆变电路以及继电器驱动、LED显示屏驱动等控制电路。常见达林顿管外形如图6-15（a）所示，内部等效电路如图6-15（b）所示。

(a) 常见达林顿管外形

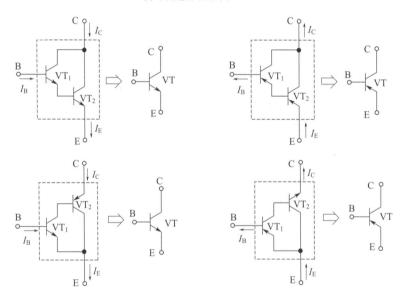

(b) 达林顿管内部结构

图6-15 常见达林顿管外形及内部结构

6.4
三极管的主要特性参数

扫一扫 看视频

6.4.1 性能参数

三极管性能参数如表6-6所示。

表 6-6　三极管性能参数

性能参数	解　说
电流放大系数 β	电流放大系数也叫电流放大倍数，用来表示三极管放大能力。根据三极管工作状态不同，电流放大系数又分为直流放大系数和交流放大系数 直流放大系数是指在静态无输入变化信号时，三极管集电极电流 I_C 和基极电流 I_B 的比值，故又称为直流放大倍数或静态放大系数，一般用 h_{FE} 或 β 表示 交流电流放大系数也叫动态电流放大系数或交流放大倍数，是指在交流状态下，三极管集电极电流变化量与基极电流变化量的比值，一般用 $\bar{\beta}$ 表示。$\bar{\beta}$ 是反映三极管放大能力的重要指标 尽管 β 和 $\bar{\beta}$ 的含义不同，但在输出特性放大区内，曲线接近于平行并且等距（或小信号）时，$\beta \approx \bar{\beta}$，所以在使用时，一般用 β 代替 $\bar{\beta}$，而不再将二者分开
集 - 基反向饱和电流 I_{CBO}	它是指三极管发射极开路时，流过集电结的反向漏电电流。反向电流会随着温度上升而增大，I_{CBO} 大的三极管工作的稳定性较差
集 - 射反向饱和电流 I_{CEO}	它是指三极管的基极开路时，在集电极与发射极之间加上一定电压时的集电极电流
频率特性	三极管的电流放大系数与工作频率有关，如果三极管超过了工作频率范围，会使放大能力降低甚至失去放大作用 三极管的频率特性参数包括特征频率 f_T 和最高振荡频率 f_M 特征频率 f_T：三极管的工作频率超过截止频率时，其电流放大系数 β 将随着频率的升高而下降，特征频率是指 β 降为 1 时三极管的工作频率 最高振荡频率 f_M：最高振荡频率是指三极管的功率增益将为 1 时所对应的频率

6.4.2　极限参数

　　三极管有使用极限值，如果超出范围则无法保证管子正常工作。三极管极性参数如表 6-7 所示。

表 6-7　三极管极限参数

极限参数	解　说
集电极最大允许电流 I_{CM}	集电极电流 I_C 上升会导致三极管的 β 下降，当 β 下降到正常值的 2/3 时，集电极电流即为 I_{CM}
集电极最大允许耗散功率 P_{CM}	是指三极管参数变化不超过规定允许值时的最大集电极耗散功率。耗散功率与三极管的最高允许结温和集电极最大电流有密切关系。使用三极管时，三极管实际功耗不允许超过 P_{CM}，否则会造成三极管因过载而损坏
最大反向电压	最大反向电压是指三极管在工作时所允许加的最高工作电压。最大反向电压包括集电极 - 发射极反向击穿电压 U_{CEO}、集电极 - 基极反向击穿电压 U_{CBO} 以及发射极 - 基极反向击穿电压 U_{EBO}

6.5
三极管封装形式及引脚识别

　　三极管的封装形式是指三极管的外形参数，也就是安装半导体三极管用的外壳。材料方面，三极管的封装形式主要有金属、陶瓷、塑料形式；结构方面，三极管的封装为

TO×××，××× 表示三极管的外形；装配方式有通孔插装（通孔式）、表面安装（贴片式）、直接安装；引脚形状有长引线直插、短引线或无引线贴装等。

国产晶体管按原部标规定有近 30 种外形和几十种规格，其外形结构和规格分别用字母和数字表示，如 TO-162、TO-92 等。

扫一扫 看视频　　扫一扫 看视频

6.5.1 金属封装

1. B 型

B 型分为 B-1、B-2、…、B-6 共 6 种规格，主要用于 1W 及 1W 以下高频小功率晶体管，其中 B-1、B-3 型最为常用。引脚排列：管底面对自己，由管键起，按顺时针方向依次为 E、B、C、D（接地极），封装外形如图 6-16 所示。

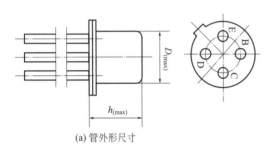  

(a) 管外形尺寸　　　　　　　　　　　　　　　　(b) 管实物

图 6-16　B 型封装外形

2. C 型、D 型、E 型

C 型、D 型、E 型与 B 型封装外形相同，只是外形尺寸比 B 型大一些。

3. F 型

该型分为 F-0、F-1、…、F-4 共 5 种规格，外形是相同的而尺寸是不相同的，主要用于低频大功率管封装，使用最多的是 F-2 型封装。引脚排列：管底面对自己，小等腰三角形的底面朝下，左为 E，右为 B，两固定孔为 C。F 型封装外形如图 6-17 所示。

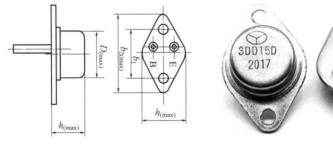

(a) 管外形尺寸　　　　　　　　　　　　　　　　(b) 管实物

图 6-17　F 型封装外形

4. G 型

G 型分为 G-1、…、G6 共 6 种规格，主要用于低频大功率晶体管封装，使用最多的是 G-3、G-4 型。其中 G-1、G-2 为圆形引出线，G-3 ～ G-6 为扁形引出线。引脚排列：管底面对自己，等腰三角形的底面朝下，按顺时针方向依次为 E、B、C。G 型封装外形如图 6-18 所示。

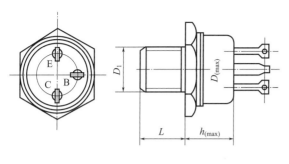

(a) 管外形尺寸

(b) 管实物

图 6-18　G 型封装外形

6.5.2　塑料封装

1. S-1 型

S-1 型外形用于封装小功率三极管，应用最为普遍。S-1 型管封装外形如图 6-19 所示，其引脚排列：平面朝外，半圆形朝自己，引脚朝上时从左到右为 E、B、C。

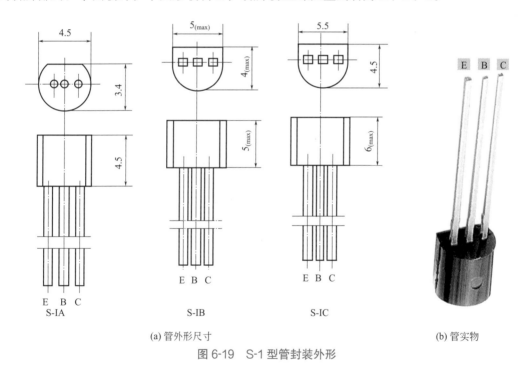

(a) 管外形尺寸

(b) 管实物

图 6-19　S-1 型管封装外形

2. S-2、S-4 型

S-2、S-4 型外形用于封装小功率三极管，S-2 型管的封装外形如图 6-20（a）所示，它的外形特点是顶面有一个切角，其引脚排列：切角朝外，大平面朝自己，引脚朝上时从左到右为 E、B、C。

S-4 型管的封装外形如图 6-20（b）所示，它的管底形状有些特殊，其引脚排列与 S-1 型相同。

113

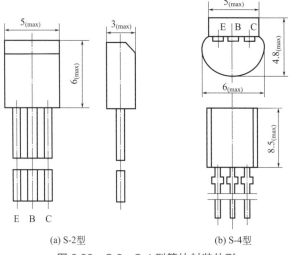

(a) S-2型   (b) S-4型

图 6-20   S-2、S-4 型管的封装外形

3. S–5、S–6A、S–6B、S–7、S–8 型

S-5、S-6A、S-6B、S-7、S-8 型封装主要用于大功率三极管。其引脚排列：没有字标的平面朝外，引脚朝上时从左到右为 B、E、C。S-5、S-6A、S-6B、S-7、S-8 型的外形封装如图 6-21 所示。

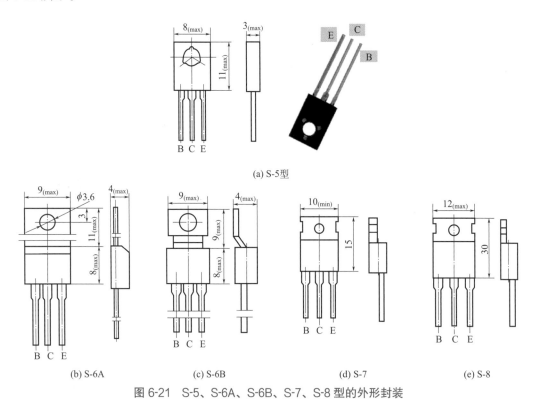

(a) S-5型

(b) S-6A   (c) S-6B   (d) S-7   (e) S-8

图 6-21   S-5、S-6A、S-6B、S-7、S-8 型的外形封装

4. 常见进口管的外形封装

进口三极管以日本、美国及欧洲的最为多见，这些进口三极管的外形封装普遍采用 TO

系列。常见进口管的外形封装如图 6-22 所示。

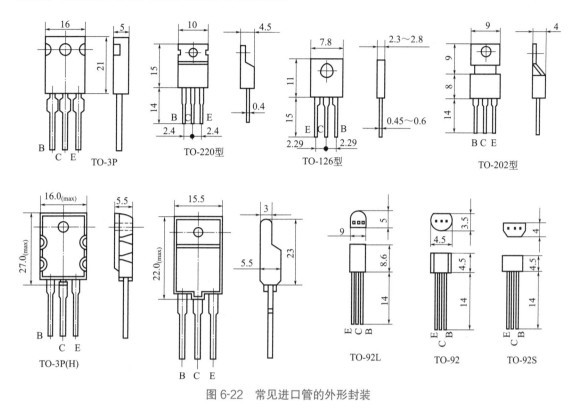

图 6-22　常见进口管的外形封装

6.5.3　贴片式三极管

　　贴片式三极管一般采用的是代码法来进行标注的,如图 6-23 所示。其代码的含义需要查看晶体管手册,由于篇幅问题,这里不详细解释。例如:CD 代码的三极管型号就是 2SA1122D。

　　贴片三极管有三个电极的,也有四个电极的。一般三个电极的贴片三极管从顶端往下看有两边,上边只有一脚的为集电极,下边的两脚分别是基极和发射极。在四个电极的贴片三极管中,比较大的一个引脚是三极管的集电极,另有两个相通的引脚是发射极,余下的一个是基极。

图 6-23　贴片式三极管代码法

6.6
三极管的常见故障

扫一扫 看视频

6.6.1　短路

　　三极管电路故障通常表现为 C-E 极、B-E 极或 B-C 极短路。无论哪两个极间短路,都呈现出现很小的电阻值,甚至两极间的电阻值为 0。

形成 C-E 极间短路的原因较多。对新三极管，如果应用在电路中很快就被击穿，多半是三极管的反向耐压参数不足，低于电路实际电压，从而导致击穿短路，这属误选。另一种情况就是由于某种原因使电路电压高于正常值，这时，即使选择反向耐压参数正确，也会击穿三极管 C-E 极形成短路，这属于短路本身有故障造成的，必须先排除短路故障，然后才能更换三极管，否则还会击穿三极管造成短路。多年使用的三极管，由于使用时间超过了使用寿命，也会出现 C-E 极短路。

对于三极管 B-E 极间短路，其基本原因与 C-E 极短路相似。三极管 C-E 极短路主要原因是加在发射结上的电压高于 PN 结所能承受的电压。

另外，三极管在电路中应用时，如果 C-E 极之间、C-B 极之间、B-E 极之间并联有电感性元件，电感会产生较高感应电动势，若电路中吸收感应电动势的元件损坏，感应电动势就会直接击穿三极管形成短路。

若三极管遭遇到雷击现象时，强大的雷电电压也会将三极管击穿短路。

导通电流过大也能将三极管烧毁形成短路。当三极管穿透电流变大时，三极管在工作中的导通电流随着增大，温度随之升高，当超过三极管能承受的温度时，三极管就被烧毁形成短路。

6.6.2　断路

断路就是指 C-E 极、B-E 极或 B-C 极之间开路不能导通电流的情况。形成三极管断路故障的原因较多，通常有电压、电流等方面的原因。

如果三极管发射极或结或集电结加有过高的反向电压，三极管内 PN 结就会击穿。击穿通常表现为两种结果，一是形成 PN 结短路，二是形成 PN 结断路。

另外，若 PN 结的反向电压特别高，击穿时还会产生短暂的火花。当然了这个火花是看不见的，但可以听到有"啪"的响声。PN 结产生跳火，就是指"烧"三极管 PN 结时，产生的高温将三极管爆炸裂开。

如果三极管发射结或集电结正向电压过高，就会导致流过 PN 结的电流过大，很快使 PN 结温度升高，同样会将三极管 PN 结烧成短路或断路。

6.6.3　变质

变质故障是指三极管的参数发生了变化，偏离了正常值。变质现象主要有放大系数变小、穿透电流变大、反向耐压参数变小、噪声系数变大等。

放大系数越大，三极管对信号的放大能力就越强。在实际应用中，常根据用途、要求不同选用不同的放大系数。在电子电路中应用的三极管，一般要求放大系数 $\beta \geqslant 30$。

穿透电流变大，将直接导致三极管工作时的总电流变大，造成温度升高甚至很快烧毁。因此在应用中，应选用穿透电流较小的三极管。

噪声系数（用 N_F 表示）也是三极管的一个参数，如果超过这一值，就是噪声系数变大了。噪声系数变大会对电路的放大造成失真现象等。

反向耐压参数变小，三极管也不能够使用。穿透电流变大是造成三极管反向耐压降低的原因，两者同时存在。

6.7

三极管的检测

6.7.1 普通三极管的检测

1.测量前的预备工作

（1）心中记着内部等效图

三极管的内部等效图如图 6-24 所示，测量时要时刻想着此图，从而达到熟能生巧。

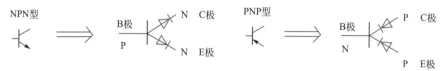

图 6-24　三极管的内部等效图

（2）判断的依据

万用表判别三极管引脚极性的原理是：三极管由两个 PN 结构成，对于 NPN 型三极管，其基极是两个 PN 结的公共正极；对于 PNP 型三极管，其基极是两个 PN 结的公共负极，由此可以判别三极管的基极和管极型。根据当加在三极管的发射结电压为正，集电结电压为负时三极管工作在放大状态，此时三极管的穿透电流较大的特点，可以测出三极管的发射极和集电极。

三极管的极间电阻值如图 6-25 所示，测量判断时可参考之。

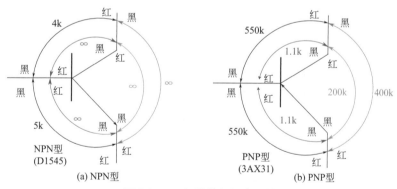

图 6-25　三极管的极间电阻值

2.测量方法与步骤

指针式万用表判断普通三极管的三个电极、极性及好坏时，选择 $R\times100$ 或 $R\times1k$ 挡位，常分两步进行测量判断。

> **注意**　适用的电阻挡位不同，测量出来的电阻值也不相同，这一点读者应特别注意。

（1）找基极定极型

分别测量三极管三个电极中每两个极之间的正、反向电阻值。当用一个表笔固定接于某一个电极，而另一个表笔先后接触另外两个电极均测得低阻值时，则固定表笔所接的那个电极即为基极。这时，要注意万用表表笔的极性，如果红表笔接的是基极，黑表笔分别接在其他两电极时，测得的阻值都较小，则可判定被测三极管为 PNP 型管；如果黑表笔接的是基极，红表笔分别接触其他两电极时，测得的阻值较小，则被测三极管为 NPN 型管。找基极定极型如图 6-26 所示，图 6-26 中的三极管为 NPN 型管。

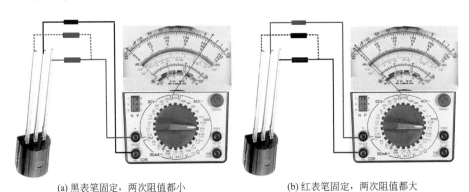

(a) 黑表笔固定，两次阻值都小　　　　　　(b) 红表笔固定，两次阻值都大

图 6-26　找基极定极型

（2）判断发射极和集电极

若为 NPN 型，黑笔假设接集电极，红笔假设接发射极，加合适电阻（湿手指）在黑笔与基极之间，记住此时的阻值，然后对调两表笔，电阻仍跨接在黑笔与基极之间（电阻随着黑笔走），万用表又指出一个阻值，比较两次所测数值的大小，哪次阻值小（偏转大），假设成立。如图 6-27 所示。

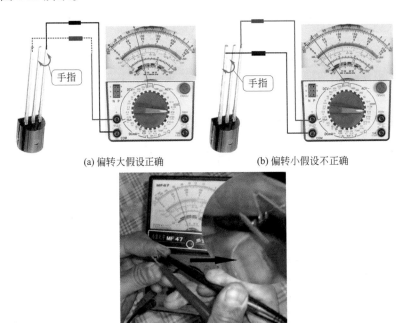

(a) 偏转大假设正确　　　　　　(b) 偏转小假设不正确

(c) 手指并于假设的集电极与其极间

图 6-27　判断发射极和集电极

PNP 型与 NPN 型正好相反，移动红笔接假设的基极，电阻（手指）随着红笔走。

6.7.2　三极管放大倍数的检测

　　用数字万用表或指针式万用表都可以方便地测出三极管的 h_{FE}。将数字或指针式万用表置于 h_{FE} 挡位，若被测三极管是 NPN 型管，则将管子的各引脚插入 NPN 插孔相应的插孔中（被测三极管是 PNP 型管，则将管子的各引脚插入 PNP 插孔相应的插孔中），此时显示屏就会显示出被测管的 h_{FE}，用万用表测量三极管放大系数如图 6-28 所示。

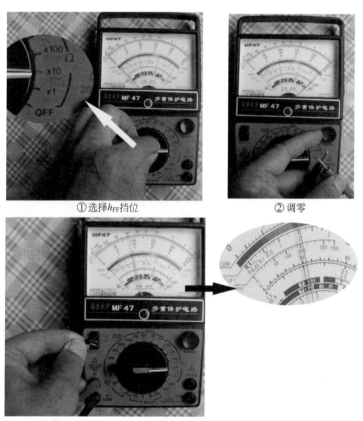

①选择 h_{FE} 挡位　　　　　　　　　②调零

③三极管插入插座，进行测量

(a) 指针式万用表测量 h_{FE}

①打开开关　　　　②选择 h_{FE} 挡位　　　③三极管插入管座，进行测量

(b) 数字式万用表测量 h_{FE}

图 6-28　万用表测量三极管放大系数

6.8 三极管的选用、代换和使用注意事项

6.8.1 三极管的正确选用

1. 按突出参数选用

电路中应用的某一个三极管都有一定作用，有的用来放大信号，有的是作电子开关等。无论起什么作用，它们都有一个突出的选择方面。

（1）依据频率参数

振荡电路和小信号放大等电路中使用的三极管，可以选用特征频率范围在 30 ～ 300MHz 的高频三极管。

例如：某振荡电路中用的三极管型号为 2SC2735，主要起振荡作用，振荡频率为 40 ～ 1000MHz，工作电流小，工作电压也不高，突出特点是工作频率特别高，若没有该型号，可根据突出的工作频率选择其他型号的三极管来代换，例如用 2SC1906 型三极管代换该管。

（2）依据电压参数

例如：电视机视放电路中的三极管工作在 200V 直流电压下，它承受反向电压就成了应用视放管的突出选择条件，而频率、电流、功率、放大系数等参数就成了次要选择条件。因为应用三极管首要的问题是安全性，所以正确选择耐压参数，才能保证它在工作时不被击穿。

（3）依据功率参数

三极管分小功率管、中功率管和大功率管。

小功率管不可以用作中功率管使用，同样中功率管不可以用作大功率管使用。这是三极管按功率参数选用的原则。

在能满足整机要求放大参数的前提下，不要选用直流放大系数过大的三极管，以防产生自激。

（4）依据综合参数

例如开关电源电路中的开关管，它们的主要参数有 BU_{ceo}、I_{cM}、P_{cM} 等。

音频功率放大器的低放电路及功率输出电路，一般均采用互补推挽对管，在选用时要求两管配对，即性能参数要一致。中、小功率配对管一般为 2SC945/2SA733、2SC1815/2SA1015、2N5401/2N5551 等。

2. 按形体结构选用

（1）按内部结构选用

例如有带阻尼和不带阻尼的，这要看电路的要求。

（2）按外形、引脚选用

小功率的三极管的引脚一般考虑得少，但大功率三极管的引脚就需要多考虑，因为大功率三极管是需要安装散热器的，塑封型和金属型大功率三极管的引脚孔位相差太大了。

3. 开关三极管选用

选用开关三极管时，要注意的主要参数有特征频率、开关速度、反向电流和发射极 - 基极饱和压降等。开关三极管要求有较快的开关速度和良好的开关特性，特征频率要高，反向电流要小，发射极 - 基极的变化压降要低等。

4. 达林顿三极管选用

继电器驱动电路与高增益放大电路中使用的达林顿管，可以选用不带保护电路的中、小功率普通达林顿管。

音频功率输出、电源调整、逆变器等电路中使用的达林顿管，可选用大功率、大电流型普通达林顿管或带保护电路的大功率达林顿管。

6.8.2 三极管的代换

三极管的一般代换原则如下。

（1）类型相同的可代换

① 材料和极性都相同，如都是 PNP 型硅材料。

② 实际型号是一样的，只是标注方法不同或厂家不同。如 9014 同 3DG9014，D1555 同 2SD1555 等。

（2）特性相近的可代换

① 集电极最大耗散功率（P_{CM}）、集电极最大允许直流电流（I_{CM}）一般要求用与原管相等或较大的三极管进行代换。

② 用于代换的三极管，必须能够在整机中安全地承受最高工作电压。击穿电压应不小于原管对应的击穿电压。

③ 用于代换的三极管，其 f_T 与 f_β 应不小于原管对应的 f_T 与 f_β。

④ 性能好的三极管可代换性能差的三极管；如 β 值高的可代换 β 值低的，穿透电流小的可代换穿透电流大的。

⑤ 在耗散功率允许的情况下，可用高频管代换低频管。

三极管代换时，要考虑是三极管还是场效应管，是 PNP 型还是 NPN 型；是高频管还是低频管。因为在射频电路中对三极管的频率参数要求比较高，因此，用于高频小信号放大电路的三极管，主要看三极管的使用频率，其次看放大倍数；如果是用于低频大功率放大，主要就看三极管的功率、耐压、最大电流，其次看三极管的频率。对于"对管"的代换，一定要严格配对。常用的最佳组合方式一般为 8550+8050、9012+9013、9014+9015、2N5401+2N5551、2SC1815+2SA1015 等。总之，不同用途的三极管代换原则是不一样的。

6.8.3 三极管使用注意事项

① 首先，必须根据电路的要求确定三极管的类型。多数场合设计者喜欢选用 NPN 型。但如果需要低电平使三极管导通或需要采用互补推拉式输出，则必须使用 PNP 型三极管。

② 晶体管特性表一般均会给出极限参数，设计时必须对 I_{CM}、P_{CM}、BV_{CEO}、BV_{EBO}、I_{CBO}、β、f_T 等参数进行减额使用。其中由于 $BV_{CEO} > BV_{CES} > BV_{CER} > BV_{CEO}$，所以只要 BV_{CEO} 满足要求就可以了。

③ 晶体管工作于开关状态时，一般应选用开关参数好的开关三极管。若选用普通三极管，则需选用 $f_T > 100MHz$ 的管子。

④ 小功率三极管的电流放大系数 β 较高，数字万用表测的是直流 h_{FE}，和交流 h_{FE} 接近，但有差异。大功率三极管 h_{FE} 则要低得多。特别值得注意的是：即使是小功率三极管在开关应用时，饱和状态的 h_{FE} 也远小于正常值。

⑤ 小功率三极管应避免靠近发热元件，以减小温度对性能的影响。大功率三极管必须根据实际耗散功率，固定在足够面积的散热器上。

⑥ 部分通用型和达林顿型三极管的集电极与发射极之间在管子内部并联了一只高速反向保护二极管。部分三极管没有这只二极管，需要时要在外部并联。

⑦ 当三极管使用的环境温度高于 30℃时，耗散功率 P_{CM} 应降额使用。

⑧ 三极管应尽量远离发热元件，以保证三极管能稳定正常地工作。

⑨ 当三极管的耗散功率大于 5W 时，应给三极管加装散热板或散热器，以减小温度对三极管参数变化的影响。

⑩ 在三极管的参数中，有一些参数容易受温度的影响，如 I_{CEO}、V_{BEO} 和 h_{FE} 值。其中 I_{CEO} 和 V_{BEO} 随温度变化而变化的情况如下。

a. 温度每升高 6℃，硅管的 I_{CEO} 将增加 1 倍。

b. 温度每升高 10℃，锗管的 I_{CEO} 将增加 1 倍。

c. 硅管 V_{BEO} 随温度的变化量约为 1.7mV/℃。

⑪ 装配三极管时，不允许在引脚离外壳 5mm 以内的地方进行引脚弯折或焊接。焊接三极管时，应采用熔点不超过 150℃的低熔点焊锡进行焊接。电烙铁以 35W 或 20W 为宜，焊接时间越短越好，以小于 5s 为宜。必要时可用镊子夹住引脚进行焊接，以帮助散热。

⑫ 在高频或脉冲电路中使用的三极管，引脚应尽量剪短。

⑬ NPN 型和 PNP 型三极管之间不能代换，硅管和锗管之间不能代换。

第 7 章
场效应管

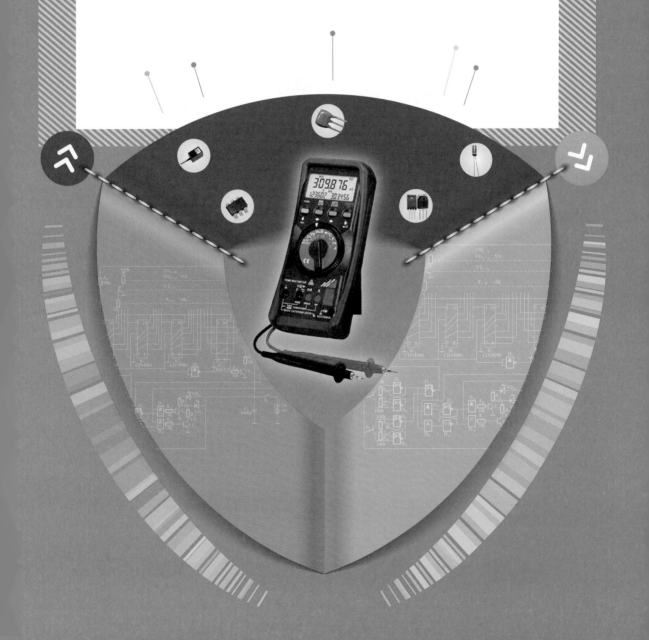

7.1
场效应管的作用、图形符号及伏安特性

7.1.1 场效应管的作用、图形符号

场效应管和三极管都能实现信号的控制和放大，但由于它们的结构和工作原理截然不同，所以二者的差别很大。三极管是一种电流控制元件，而场效应管是一种电压控制器件。

场效应管（用 FET 表示）具有输入电阻高、噪声小、功耗低、安全工作区域宽、受温度影响小等优点，特别适用于要求高灵敏度和低噪声的电路。

场效应管在电路中主要起信号放大、阻抗变换、开关等作用。

场效应管可分结型场效应管（JFET）和绝缘栅型场效应管（MOSFET）两大类。

结型场效应管因有两个 PN 结而得名，其外形结构和电路符号图如图 7-1 所示。

(a) 结型场效应管外形结构

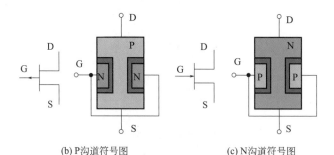

(b) P沟道符号图　　　　(c) N沟道符号图

图 7-1　结型场效应管外形结构和电路符号

绝缘栅型场效应管则因栅极与其他电极完全绝缘而得名。结型场效应管又分为 N 沟道和 P 沟道两种；绝缘栅型场效应管除有 N 沟道和 P 沟道之分外，还有增强型与耗尽型之分，其外形结构和电路符号如图 7-2 所示。

场效应管的图形符号中的箭头，是用来区分类型的。箭头从外指向芯片表示 N 沟道型场效应管；箭头从芯片指向外表示 P 沟道型场效应管。

场效应管和普通三极管一样都有三个引脚，不过工作原理却不相同。场效应管的控制引脚称为栅极或闸极（Gate，G 极），顾名思义，闸极的功用就如同水坝的闸门；而水坝上方的水库可以提供水源，对应的场效应管引脚称为源极（Soutce，S 极）；水坝下方有水的出口，对应的场效应管引脚为第三只引脚，称为漏极（Drain，D 极）。N 沟道对应 NPN 型三极管，P 沟道对应 PNP 型三极管。

(a) 绝缘栅型场效应管外形结构

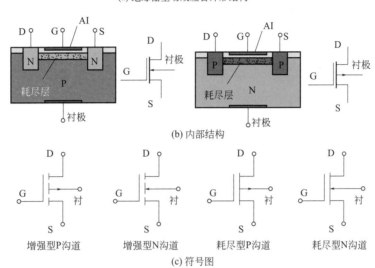

(b) 内部结构

增强型P沟道　　增强型N沟道　　耗尽型P沟道　　耗尽型N沟道

(c) 符号图

图 7-2　绝缘栅型场效应管的结构和符号图

7.1.2　场效应管的伏安特性

1. 结型场效应管的伏安特性

结型场效应管的伏安特性如图 7-3 所示。

图 7-3（a）所示为结型场效应管的转移特性曲线，它表征了栅极电压 U_{GS} 对漏极电流 I_D 的控制作用。U_P 为夹断电压，此时源极与漏极间的电阻趋于无穷大，场效应管截止，在 U_P 之后，就可能出现反向击穿现象并损坏管子。

图 7-3（b）所示为结型场效应管的输出特性曲线，它表征了栅极电压 U_{GS} 恒定时，漏极电流 I_D 随 U_{GS} 的变化关系。

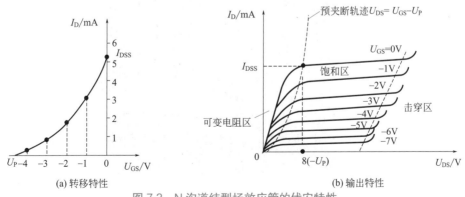

(a) 转移特性　　　　　　　　(b) 输出特性

图 7-3　N 沟道结型场效应管的伏安特性

结型场效应管的输出特性曲线分 3 个区，即可变电阻区、饱和区及击穿区。当 U_{GS} 较小时，漏极附近不会出现预夹断，因此随着 U_{DS} 的增加，I_D 也增加，这就是曲线的上升部分，它基本上是通过原点的一条直线，这时可把管子看成是一个可变电阻。当 U_{DS} 增加到一定程度后，就会产生预夹断，因此尽管 U_{GS} 再增加，但 I_D 基本不变。因此，预夹断的轨迹就是这两种工作状态的分界线。把曲线上 $U_{DS}=U_{GS}-U_P$ 的点连接起来，便可得到预夹断时的轨迹。轨迹左边对应不同 U_{GS} 值的各条直线，通常称为可变电阻区；轨迹右边的水平直线区称为饱和区，放大时，一般都工作在饱和区。

如果再继续增加 U_{DS}，将使反向偏置的 PN 结击穿，这时 I_D 将会突然增大，管子进入击穿区。管子进入击穿区后，如果不加限制，将会导致管子损坏。

2. 绝缘栅型场效应管的伏安特性

N 沟道耗尽型绝缘栅场效应管的特性曲线基本上与 N 沟道结型场效应管的伏安特性一致。

N 沟道增强型场效应管的伏安特性如图 7-4 所示。

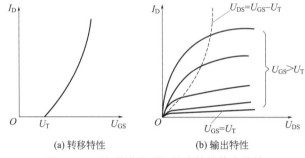

图 7-4　N 沟道增强型场效应管的伏安特性

从转移特性曲线上可以看出，当 U_{GS} 小于开启电压 U_T 时，$I_D \approx 0$，只有当 U_{GS} 等于开启电压 U_T 时，才开始形成导电沟道，此时当 U_{GS} 进一步增加时，I_D 也开始增大。

在 $U_{GS} > U_T$ 形成导电通道后，可以得到输出特性曲线。在 $U_{DS}=0$ 时，$I_D=0$，当 U_{DS} 为正值增大时，I_D 基本保持恒定，不会有明显的增加，管子处于饱和区。对应不同的 U_{GS} 值，沟道的深浅不一，所以夹断后的 I_D 值各不相同，从而形成一组特性曲线。

P 沟道型场效应管 2N6804 特性曲线仿真图如图 7-5 所示。

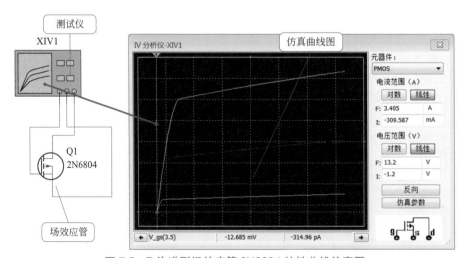

图 7-5　P 沟道型场效应管 2N6804 特性曲线仿真图

3. 特性表

由于场效应管的种类较多，故将场效应管转移特性和漏极特性集中地编入表 7-1，以便在比较中了解记忆。

表 7-1　场效应管的符号、极性及特性表

结构种类	工作类型	图形符号	电压极性		转移特性	漏极特性
			U_P 或 U_T	U_{DS}		
N 沟道结型	耗尽型		负	正	I_D，I_{DSS}，U_{GS}，$-U_P$，0	I_D，$U_{GS}=0$，$U_{GS负}$，U_{GS}，0
P 沟道结型	耗尽型		正	负	0，$+U_P$，I_{DSS}，I_D	U_{DS}，0，$U_{GS正}$，$U_{GS}=0$，I_D
N 沟道绝缘栅型	耗尽型		负	正	I_D，I_{DSS}，$-U_P$，0，U_{GS}	I_D，正，$U_{GS}=0$，负，0，U_{DS}
	增强型		零或负	正	I_D，0，$+U_T$，U_{GS}	I_D，$U_{GS正}$，0，U_{DS}
P 沟道绝缘栅型	耗尽型		正	负	0，$+U_P$，U_{GS}，I_{DSS}，I_D	U_{DS}，0，正，$U_{GS}=0$，负，I_D
	增强型		零或负	负	$-U_T$，0，I_D	U_{DS}，0，$U_{GS负}$，I_D

7.2
场效应管的型号命名方法

扫一扫 看视频

国产场效应管的型号命名方法有两种：

① 第一种与普通三极管相同。

场效应管命名示例：3DJ6D 表示结型 N 沟道场效应三极管；3DO6C 表示绝缘栅型 N 沟道场效应三极管。

② 第二种命名方法采用字母"CS"+"×× #"的形式，其中"CS"代表场效应管，"××"以数字代表型号的序号，"#"用字母代表同一型号中的不同规格，如 CS14A、CS54G 等。

7.3
场效应管的分类

扫一扫 看视频

常见场效应管的分类如图 7-6 所示。

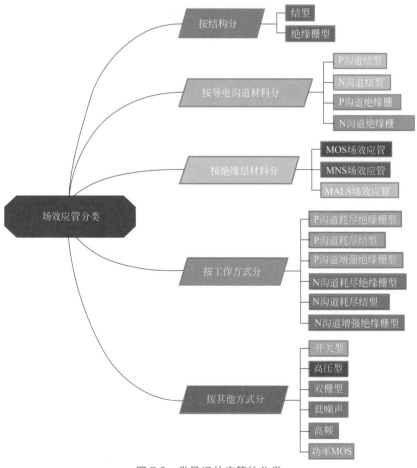

图 7-6　常见场效应管的分类

7.4
场效应管的主要参数

场效应管的主要参数如表 7-2 所示。

表 7-2　场效应管的主要参数

主要参数		解　说
直流参数	开启电压 $V_{GS(th)}$	指 V_{DS} 为定值时，使增强型绝缘栅场效应晶体管开始导通的栅源电压。$V_{GS(th)}$ 是增强型场效应晶体管的重要参数，对于 N 沟道管子，$V_{GS(th)}$ 为正值，对于 P 沟道管子，$V_{GS(th)}$ 为负值
	夹断电压 $V_{GS(off)}$	指 V_{DS} 为定值时，使耗尽型绝缘栅场效应晶体管处于刚开始截止的栅源电压，N 沟道管子的 $V_{GS(off)}$ 为负值，属于耗尽型场效应晶体管的参数
	饱和漏电流 I_{DSS}	指在 $V_{GS}=0$ 条件下，且 $V_{DS} > V_{GS(off)}$ 时所对应的漏极电流
	栅源绝缘电阻 R_{GS}	指栅源极间电压 V_{GS} 与对应的栅极电流 I_G 之比，即栅源极之间的直流电阻。MOS 管因栅极与源极绝缘，故 R_{GS} 很大，一般大于 $10^8\Omega$
交流参数	低频跨导 g_m	指 V_{GS} 为定值时，栅源输入信号与由它引起的漏极电流之比的倒数，这是表征栅源电压对漏极电流控制作用大小的重要参数
	最高工作频率 f_M	f_M 是保证管子正常工作的频率最高限额。场效应晶体管 3 个电极间存在极间电容，结电容小的管子最高工作频率高，工作速度快
极限参数	漏源击穿电压 $V_{(BR)DS}$	指漏源极之间允许加的最大电压，实际电压值超过该参数时，会使 PN 结反向击穿
	最大耗散功率 P_{DSM}	指 I_D 与 V_{DD} 的乘积不应超过的极限值

7.5
场效应管封装形式及引脚识别

扫一扫 看视频

场效应管的封装形式有三种类型，即金属封装、塑料封装和贴片封装。

与三极管一样，场效应管也有三个电极，分别是栅极 G、源极 S、漏极 D。场效应管可看作是一只普通三极管，栅极 G 对应基极 B，漏极 D 对应集电极 C，源极 S 对应发射极 E（N 沟道对应 NPN 型三极管，P 沟道对应 PNP 型三极管）。

1. 金属封装

金属封装型场效应管外形结构如图 7-7 所示。

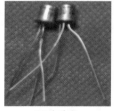

(a) 小功率

(b) 大功率

图 7-7　金属封装型场效应管外形结构

2. 塑料封装

塑料封装场效应管外形结构如图 7-8 所示。

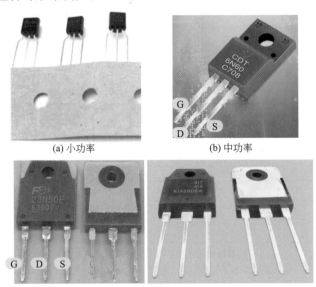

(a) 小功率   (b) 中功率

(c) 大功率

图 7-8　塑料封装场效应管外形结构

对于中大功率场效应管，如图 7-8（b）、图 7-8（c）所示，从左至右，引脚排列基本为 G、D、S 极（散热片接 D 极）。

3. 贴片封装

贴片封装场效应管外形结构如图 7-9 所示。

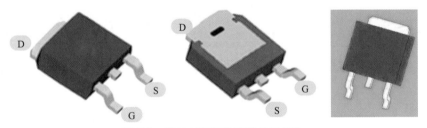

图 7-9　贴片封装场效应管外形结构

采用贴片封装的场效应管，散热片是 D 极，下面的三个脚分别是 G、D、S 极。

7.6
场效应管的检测

扫一扫 看视频

7.6.1　结型场效应管的极间特点

在检测结型场效应管之前先来了解各极间的电阻值的特点，供检测时作为判断参考。结型场效应管的极间特点如图 7-10 所示。

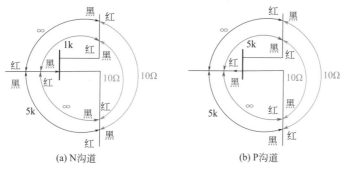

(a) N沟道 (b) P沟道

图 7-10 结型场效应管的极间特点

在判断栅极和沟道的类型前,首先要了解几点:

① 与 D、S 极连接的半导体类型总是相同的(要么都是 P,要么都是 N),D、S 之间的正反向电阻相同并且比较小。

② 与 G 极连接的半导体类型和与 D、S 极连接的半导体类型总是不同的,如 G 极连接的为 P 型时,D、S 极连接的肯定是 N 型。

③ G 极与 D、S 极之间有 PN 结,PN 结的正向电阻小、反向电阻大。

7.6.2 指针式万用表检测结型场效应管

结型场效应管的源极和漏极在制造工艺上是对称的,故两极可互相使用,并不影响正常工作,所以一般不判别漏极和源极(漏源极之间的正反向电阻相等,均为几十到几千欧姆左右),只判断栅极和沟道的类型。

判别时,将万用表置于 $R \times 1k$ 挡,任选两电极,分别测出它们之间的正、反向电阻。若正、反向电阻值相等,则该两极为漏极 D 和源极 S,余下的则为栅极 G。如图 7-11 所示。

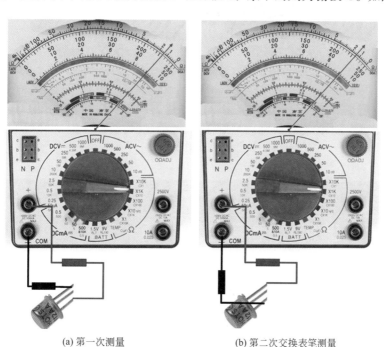

(a) 第一次测量 (b) 第二次交换表笔测量

图 7-11 判断结型场效应管的栅极

检测时，若测得栅极 G 分别于漏极 D、源极 S 之间均能测得一个固定阻值，则说明场效应管良好，如果它们之间的阻值趋于零或无穷大，则表明场效应管已损坏。

7.6.3　数字式万用表检测场效应管

利用数字式万用表不仅能判别场效应管的电极，还可以测量场效应管的放大系数。将数字式万用表调至 h_{FE} 挡，场效应管的 G、D、S 极分别插入 h_{FE} 测量插座的 B、C、E 孔中（N 沟道管插入 NPN 插座中，P 沟道管插入 PNP 插座中），此时，显示屏上会显示一个数值，这个数值就是场效应管的放大系数；若电极插错或极性插错，则显示屏将显示为"000"或"1"。数字式万用表检测场效应管如图 7-12 所示。

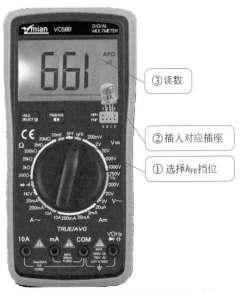

③ 读数

② 插入对应插座

① 选择 h_{FE} 挡位

图 7-12　数字式万用表检测场效应管

 注意　对于绝缘栅型场效应管，不允许使用万用表来检测电极和质量，因为使用万用表测量时很容易感应电荷，形成高压，致使管子击穿。

7.7
场效应管的选用和使用注意事项

扫一扫 看视频

7.7.1　场效应管的正确选用

① 在线路设计中，应根据电路的需要选择场效应管的类型及参数，使用时不允许超过场效应管的耗散功率、最大漏源电流和电压的极限值。

② 不论是哪一类场效应管，它的栅极基本上不消耗电流，故要求输入电阻很高时，应

选用场效应管。

③ 场效应管是多子导电，受温度影响小。在工作温度变化剧烈的场合，宜选用场效应管。

④ 场效应管的低噪声使其特别适合在信噪比要求高的电路中使用，如高增益放大器的前级。

7.7.2　场效应管使用注意事项

为了安全有效地使用场效应管，使用时应注意表 7-3 中的事项。

表 7-3　场效应管使用注意事项

项目	注意事项
使用前	测试仪器、工作台要良好地接地，要采取防静电措施 使用场效应管之前，必须首先搞清楚场效应管的类型及它的电极，必要时应通过仪表进行测试。结型场效应管的 S、D 极可互换，MOS 场效应管的 S、D 极一般也可互换，但有些产品 S 极与衬底连在一起，这时 S 极与 D 极不能互换。场效应管有无衬底的图形符号是有区别的，如图 7-13 所示
运输和储藏时	运输和储藏中必须将引出脚短路或采用金属屏蔽包装，以防外来感应电势将栅极击穿。拿场效应管时，要拿它的外壳，不要拿它的引脚，因为人体带有少量的电荷，拿场效应管的引脚，少量的电荷跑到栅极上，会使栅、漏极感应充电，易击穿场效应管
安装时	在安装场效应管时，注意安装的位置要尽量避免靠近发热元件；为了防止管子振动，安装时要将管子紧固；引脚引线在弯曲时，应当在大于管子根部尺寸 5mm 以上处进行，以防止弯断引脚而引起漏气 焊接用的电烙铁外壳要接地，或者利用烙铁断电后的余热焊接。焊接绝缘栅型场效应管的顺序是：漏极、源极、栅极。拆机时顺序相反。为防止场效应管击穿，在接入电路时，将管子各引线短接，焊接完再将短接线剪掉 在焊接前应把电路板的电源线与地线短接，在 MOS 器件焊接完成后再分开 电路板在装机之前，要用接地的线夹子去碰一下机器的各接线端子，再把电路板接上去
保护措施	各类型场效应管在使用时，都要严格按要求的偏置接入电路中，要注意场效应管偏置的极性 MOS 场效应管的栅极在允许的条件下，最好接入保护晶体二极管，防止场效应管栅极被击穿

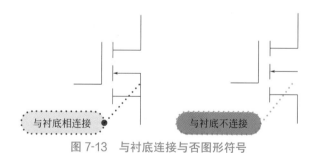

与衬底相连接　　　与衬底不连接

图 7-13　与衬底连接与否图形符号

第 8 章
敏感元件

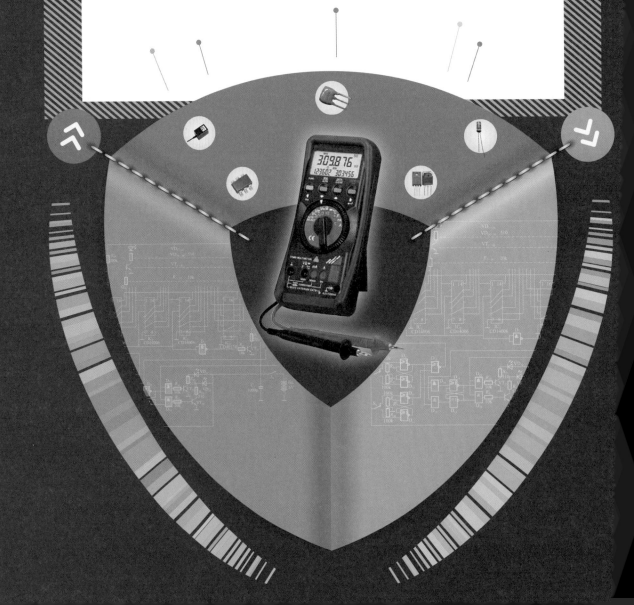

8.1
敏感元件的命名方法

特殊电阻的阻值随环境的变化而变化，特殊电阻的表面一般不标注阻值大小，只标注型号。

根据相关标准的规定，特殊电阻的产品型号由四部分组成，即：

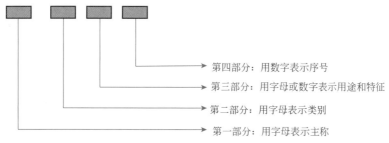

扫一扫 看视频

扫一扫 看视频

第四部分：用数字表示序号
第三部分：用字母或数字表示用途和特征
第二部分：用字母表示类别
第一部分：用字母表示主称

① 主称、类别部分的符号及意义如表 8-1 所示。

② 用途或特征部分用数字表示时，应符合表 8-2 的规定；用字母表示时，应符合表 8-3 的规定。

③ 序号部分用数字表示。

表 8-1 敏感电阻型号中主称、类别部分的符号所表示的意义

主　称		类　别	
符号	意义	符号	意义
M	敏感电阻	F	负温度系数热敏电阻（NTC）
		Z	正温度系数热敏电阻（PTC）
		G	光敏电阻
		Y	压敏电阻
		S	湿敏电阻
		Q	气敏电阻
		L	力敏元件
		C	磁敏元件

表 8-2 敏感电阻型号中用途或特征部分的数字所表示的意义

数字	负温度系数热敏电阻	正温度系数热敏电阻	光敏电阻	力敏电阻
0	特殊用		特殊用	
1	普通用	普通用	紫外光	硅应变片
2	稳压用	限流用	紫外光	硅应变梁

续表

数字	负温度系数热敏电阻	正温度系数热敏电阻	光敏电阻	力敏电阻
3	微波测量用		紫外光	硅杯
4	旁热式	延迟用	可见光	
5	测温用	测温用	可见光	
6	控温用	控温用	可见光	
7		消磁用	红外光	
8	线性型		红外光	
9		恒温用	红外光	

表8-3 敏感电阻型号中用途或特征部分的字母所表示的意义

字母	压敏电阻	湿敏电阻	气敏电阻	磁敏元件
无	普通型	通用型		
W	稳压用			电位器
G	高压保护			
P	高频用			
N	高能用			
K	高可靠型	控湿用		
L	防雷用		可燃性	
H	灭弧用			
E	消噪用			电阻
B	补偿用			
C	消噪用	测湿用		
S	元器件保护用			
M	防静电用			
Y	环形		烟敏	

8.2
压敏电阻

扫一扫 看视频

8.2.1 压敏电阻的作用、外形、图形符号及特性

1. 压敏电阻的作用

压敏电阻主要用于电路稳压和过压保护，是家用电器中的"安全卫士"。压敏电阻在电

路中通常并接在被保护电器的输入端。常见压敏电阻的分类如图 8-1 所示。

图 8-1　常见压敏电阻的分类

2. 压敏电阻的外形及图形符号

压敏电阻的外形及图形符号如图 8-2 所示。压敏电阻在电路中用字母 "RV" 或 "R" 表示，在电路原理图中电路符号如图 8-2（c）所示。

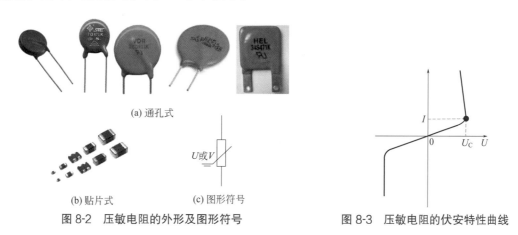

(a) 通孔式

(b) 贴片式　　(c) 图形符号

图 8-2　压敏电阻的外形及图形符号

图 8-3　压敏电阻的伏安特性曲线

3. 压敏电阻的伏安特性

压敏电阻的伏安特性曲线如图 8-3 所示，它是一条对称的非线性曲线。当压敏电阻两端的电压低于其标称电压时，其内部的晶界层几乎是绝缘的，呈高阻抗状态；当压敏电阻两端的电压高于其标称电压（遇到浪涌过电压、操作过电压等）时，其内部的晶界层的阻值急剧下降，呈低阻抗状态，外来的浪涌过电压、操作过电压就通过压敏电阻以放电电流的形式被泄放掉，从而起到过压保护。

8.2.2　压敏电阻型号命名方法

压敏电阻型号命名方法如图8-4所示。

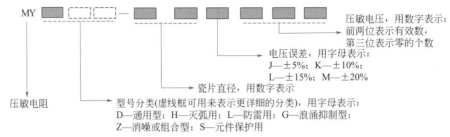

图8-4　压敏电阻型号命名方法

压敏电阻型号命名示例：MYL1-1 表示防雷用压敏电阻；MY31-270/3 表示 270V/3kA 普通压敏电阻。

8.2.3　压敏电阻的主要参数

压敏电阻的主要参数如表8-4所示。

表8-4　压敏电阻的主要参数

序号	主要参数	解　说
1	压敏电压 V_{1mA}	通过规定电流（一般为 1mA）时，压敏电阻两端产生的端电压，又称为标称电压
2	最大连续工作电压	在规定的温度范围内，可以连续施加在压敏电阻两端的最大交流电压（有效值）或直流电压
3	限止电压 V_C	对压敏电阻施加规定的标准波形（8μs/20μs）和规定的电流时，压敏电阻两端的最大电压（图8-5）
4	额定功率	在规定的环境温度下，压敏电阻所能消耗的最大功率
5	绝缘电压	当压敏电阻连续工作时，允许加到其引脚的最大峰值电压
6	绝缘电阻	压敏电阻引脚与任何安装面之间的直流电阻值
7	流通容量	压敏电阻在规定的条件下，允许通过其上的最大脉冲电流值
8	固有电容	压敏电阻本身固有的电容量
9	漏电流	在规定的最大直流电压下，通过压敏电阻的电流。其值越小越好
10	能量容量	压敏电阻正常工作时能够承受的最大脉冲能量
11	响应时间	加在压敏电阻上的脉冲电压峰值与其引起的残压之间是时间间隔
12	残压	压敏电阻通过某一脉冲电流时的端电压峰值

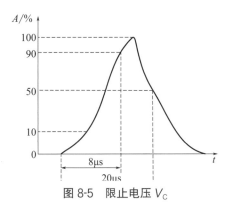

图 8-5　限止电压 V_C

8.2.4　压敏电阻的检测

指针式万用表选择 $R \times 10\mathrm{k}\Omega$ 挡位（或数字式万用表的 $200\mathrm{M}\Omega$ 挡位），两表笔分别与压敏电阻的两引脚相接测量其阻值；交换表笔后再测量一次。若两次测得的阻值均为无穷大，则说明被测压敏电阻合格，否则表明被测压敏电阻严重漏电且不可使用。压敏电阻检测示意图如图 8-6 所示。

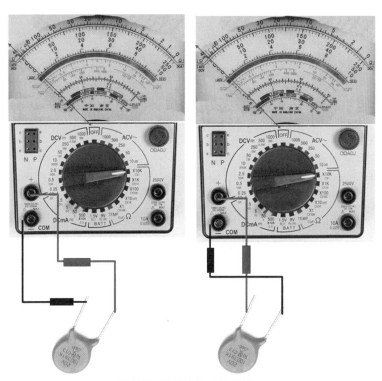

图 8-6　压敏电阻检测示意图

8.2.5　压敏电阻的选用

（1）$V_{1\mathrm{mA}}$ 的选定

对于过压变化方面的应用，压敏电压值应大于实际道路的电压值，一般可用下式选定：

$$V_{1mA}=\alpha U/(bc)$$

式中　α——电源电压波动系数，一般取 1.2；

　　　U——波动道路直流工作电压或交流电压有效值；

　　　b——压敏电压误差，一般取 0.58；

　　　c——压敏元件的老化系数，一般取 0.9。

上式计算得到的 V_{1mA} 实际数值是直流工作电压的 1.5 倍，在交流状态下要考虑电压峰值，因此，计算结果应扩大 $\sqrt{2}$ 倍。

（2）流通容量的选择

在实际应用中，压敏电阻主要应考虑的因素是其用于防雷还是防止电子仪器及设备内部的操作过电压。一般感应雷击电压峰值为工作电压的 3.5 倍左右。如果主要用于防雷，可选用防雷型压敏电阻，它们的通流容量有 3kA、5kA、20kA 等不同品种。实际检测到的雷电电流在 200～3000A 范围内，绝大多数小于 10kA。电子仪器及设备内部操作产生的浪涌电流一般小于 500A，可选用通用型压敏电阻。

（3）能量耐量的选择

压敏电阻所吸收的能量可通过下式计算：

$$W=KIUT（J）$$

式中　K——电波波形系数，对 2ms 的方波，$K=1$，对于 8/20μs 的波形，$K=1.4$，对于 10/1000μs 的波形，$K≈1.4$。

　　　I——流过压敏电阻的电流峰值；

　　　U——在电流 I 流过压敏电阻时，其两端产生的电压；

　　　T——电流 I 持续的时间。

在实际应用中，电路中所储存的能量（如线圈和电容上的能量及杂散能量）均要求压敏电阻来吸收。遇到这种情况时，在选择压敏电阻时必须要使回路储存电能的总和小于压敏电阻所能吸收的能量。

（4）压敏电阻电容量的选择

在选用时以不影响正常工作为原则，一般压敏电阻适合在 300Hz 以下的频率下使用。

8.3
热敏电阻

扫一扫 看视频

8.3.1　热敏电阻的作用、图形符号及特性

1. 热敏电阻的作用

热敏电阻主要用于温度检测和限流保护，也可用作保护电路、消磁电路、自动化控制电路、恒温器、温控开关等。

2. 热敏电阻图形符号及特性

热敏电阻有正温度系数（PTC）热敏电阻、负温度系数（NTC）热敏电阻和 CTR 热敏电阻三类。

（1）正温度系数热敏电阻

正温度系数热敏电阻外形结构和图形符号如图 8-7 所示。

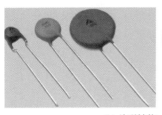

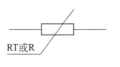

(a) 外形结构   (b) 图形符号

图 8-7　正温度系数热敏电阻外形结构和图形符号

正温度系数热敏电阻特性曲线如图 8-8 所示。正温度系数热敏电阻是一种具有温度敏感性的电阻，一旦温度超过一定数值（居里温度）时，其电阻值随温度的升高而呈阶跃式的增大。

（2）负温度系数热敏电阻

负温度系数热敏电阻外形结构如图 8-9 所示，图形符号与正温度系数热敏电阻是一样的。

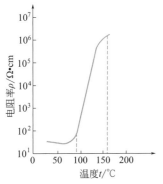

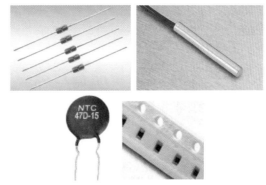

图 8-8　正温度系数热敏电阻特性曲线　　　　图 8-9　负温度系数热敏电阻外形结构

负温度系数热敏电阻特性曲线如图 8-10 所示。

负温度系数热敏电阻的电阻值随温度的升高而降低，在相当的温度范围内，其电阻率与温度呈线性关系。

（3）CTR 热敏电阻

CTR 热敏电阻呈半玻璃状，具有负温度系数，一般用树脂包封成珠状或厚膜形使用，其阻值为 $1k\Omega \sim 10M\Omega$，其外形结构如图 8-11 所示。

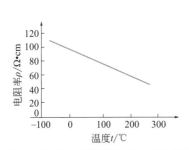

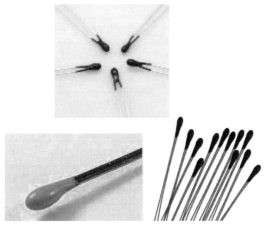

图 8-10　负温度系数热敏电阻特性曲线　　　　图 8-11　CTR 热敏电阻外形结构

CTR 热敏电阻随温度变化的特性属剧变形，具有客观特性，如图 8-12 所示。当温度高于居里点 T_C 时，其阻值会减小到临界状态，突变的数量级为 2 ～ 4。因此，又称这类热敏电阻为临界热敏电阻。

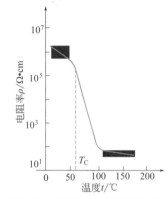

图 8-12　CTR 热敏电阻特性曲线

8.3.2　热敏电阻型号命名方法

热敏电阻的型号由 4 部分组成，即：

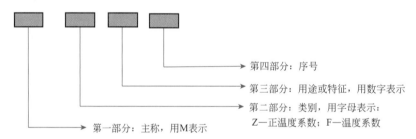

型号第三部分数字所代表的意义如表 8-5 所示。

表 8-5　热敏电阻的用途或特征表示方法

数字	用途或特征	解　说
1	普通热敏电阻	在常温范围内主要用于稳定补偿
2	稳压用	用于稳定低电压
3	微波测量用	用于超高频小功率测量
4	旁热式	带有与热敏元件电绝缘加热器的热敏电阻
5	测湿用	用于湿度测量
6	控温用	用于温度控制
7	消磁用	用于消磁电路，一般在彩色电视机中使用
8	线性用	用于电阻 - 温度特性呈线性或接近线性关系的电路
9	恒温用	
0	特殊用	

8.3.3 热敏电阻的主要参数

热敏电阻的主要技术参数如表 8-6 所示。

表 8-6 热敏电阻的主要技术参数

序号	技术参数	解 说
1	标称阻值 R_C	一般指环境温度为 25℃时热敏电阻的实际电阻值
2	实际阻值 R_T	在一定的温度条件下所测得的电阻值
3	电阻温度系数 a_T	表示温度变化 1℃时的阻值变化率，单位为 %/℃
4	额定功率 P_M	在规定条件下，长期连续负载所允许的耗散功率
5	额定工作电流 I_M	在工作状态下规定的名义电流值
6	最高工作温度 T_{max}	长期连续工作所允许的最高温度

8.3.4 热敏电阻的检测

热敏电阻的检测一般分为两个步骤：一是检测常温下电阻值，二是检测特性电阻值。热敏电阻的特性电阻是加热时的电阻值。

第一步： 测量常温电阻值。将万用表置于合适的欧姆挡（根据标称电阻值确定挡位），用两表笔分别接触热敏电阻的两引脚测出实际阻值，并与标称阻值相比较，如果二者相差过大，则说明所测热敏电阻性能不良或已损坏，常温下测量示意如图 8-13（a）所示。

第二步： 测量温变时（升温或降温）的电阻值。在常温测试正常的基础上，即可进行升温或降温检测。升温检测热敏电阻示意图如图 8-13（b）所示。用加热的烙铁头压住热敏电阻测电阻值，观察万用表示数，此时会看到显示的数据随温度的升高而变化（NTC 是减小，PTC 是增大），表明电阻值在逐渐变化。当阻值改变到一定数值时，显示数据会逐渐稳定。

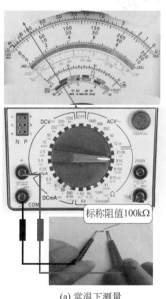

标称阻值100kΩ

(a) 常温下测量

用烙铁头加热

(b) 测量温变时的电阻值

图 8-13 热敏电阻的检测

8.4 光敏元件

8.4.1 光敏电阻的分类、作用、外形结构和图形符号

1. 光敏电阻的分类、作用

光敏电阻又叫光感电阻，是利用半导体的光电效应制成的一种电阻值随入射光的强弱而改变的电阻；入射光强，电阻值减小，入射光弱，电阻值增大。

光敏电阻的种类较多，按所用材料的不同可分为单晶光敏电阻和多晶光敏电阻；按光谱特性，可分为红外光光敏电阻、可见光光敏电阻和紫外光光敏电阻等。

光敏电阻一般用于光的测量、光的控制和光电转换（将光的变化转换为电的变化）。可见光光敏电阻适用于光电自动控制、光电自动计数、光电跟踪、照相机、曝光表及可见光检测等许多方面。

红外光光敏电阻适用于导弹制导、红外探测、气体分析、红外光谱分析、红外通信及自动控制等方面。

2. 光敏电阻的外形结构和图形符号

光敏电阻的外形结构和图形符号如图 8-14 所示。

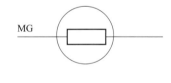

(a) 外形结构   (b) 图形符号

图 8-14 光敏电阻的外形结构和图形符号

8.4.2 光敏电阻型号命名方法

光敏电阻的型号由 3 部分组成，即：

第三部分：序号，用数字表示

第二部分：用途或特征，用数字表示

第一部分：主称，用MG表示

型号第二、三部分数字所代表的意义如表 8-7 所示。

表 8-7 光敏电阻型号第二、三部分数字所代表的意义

第二部分		第三部分
数字	含义	
0	特殊用	
1	紫外光	
2	紫外光	
3	紫外光	用数字表示以区别外形尺寸及性能指标
4	可见光	
5	可见光	
6	可见光	
7	红外光	
8	红外光	

8.4.3 光敏电阻的检测

测量光敏电阻时需分两步进行。

（1）第一步：测量有光照时电阻值

将万用表的两表笔分别与光敏电阻两引脚相接，测量有光照时的电阻值。如图 8-15（a）所示。

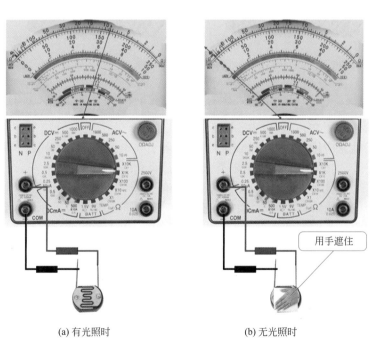

(a) 有光照时   (b) 无光照时

图 8-15　光敏电阻的检测

（2）第二步：测量无光照时电阻值

再用一不透光黑纸（或手指遮盖）将光敏电阻遮住，测量无光照时的电阻值。如图 8-15（b）所示。

（3）检测结果

两者相比较有较大差别，通常光敏电阻有光照时电阻值为几千欧（此值越小说明光敏电阻性能越好）；无光照时电阻值大于 1500kΩ，甚至无穷大（此值越大说明光敏电阻性能越好）。

如果光敏电阻在有光时所测阻值很大甚至无穷大，则说明被测光敏电阻内部开路损坏，如果光敏电阻在无光时所测阻值很小或为零，则说明被测光敏电阻已烧穿损坏。

> **注意** 需指出的是，不同的光源照射时，被测光敏电阻的阻值不同。

8.4.4 光敏二极管的外形结构、图形符号、作用及特性

光敏二极管又称为光电二极管，它与普通半导体在结构上是相似的。光敏二极管外形结构和图形符号如图 8-16 所示。

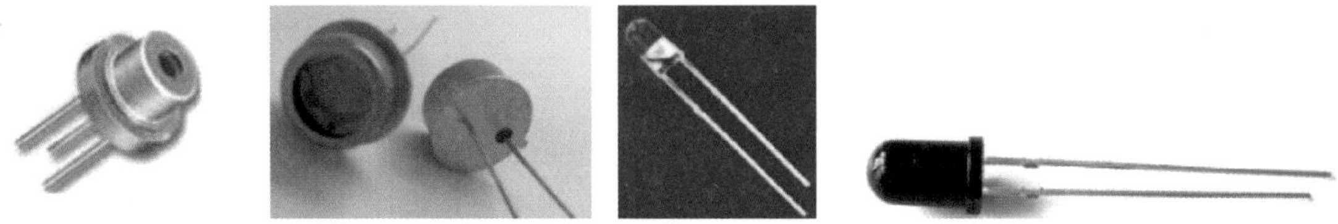

(a) 外形结构

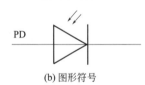

(b) 图形符号

图 8-16 光敏二极管外形结构和图形符号

光敏二极管通常用 PD、VD、PF 等字母表示。

光敏二极管通常应用在自动控制电路、触发器、光电耦合器、编码器、特性识别短路、过程控制电路中等，其作用与光敏电阻类似，都是将光信号转换为电信号。

光敏二极管是在反向电压下工作的，在没有光照时，反向电流极其微弱（一般小于 0.11μA），这个电流通常称为暗电流；当有光照时，反向电流就会迅速增大到几十微安，这个电流称为光电流。光的强度越大，反向电流也越大。由于光的变化引起光敏管光电流的变化，这就可以把光信号转换成电信号，使光电二极管成为光电传感器。

8.4.5 光敏二极管的检测

若用指针式万用表 $R \times 1k\Omega$ 挡位检测光敏二极管时，则正向电阻应为 $10k\Omega$ 左右，如图 8-17（a）所示；无光照时，反向电阻为无穷大，如图 8-17（b）所示；光线越强，反向电阻就越小，如图 8-17（c）所示。

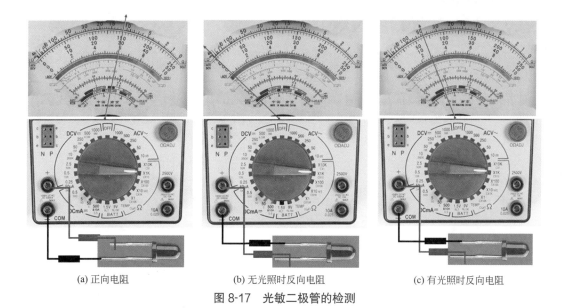

| (a) 正向电阻 | (b) 无光照时反向电阻 | (c) 有光照时反向电阻 |

图 8-17　光敏二极管的检测

8.4.6　光电三极管的外形结构、图形符号、作用及特性

1. 光电三极管的外形结构、图形符号

光电三极管与普通半导体三极管一样，都是采用半导体制作工艺制成的具有 PNP 或 NPN 结构的半导体管。它在结构上与半导体三极管相似，它的引脚通常有两个，但也有三个的。光电三极管的外形结构和图形符号如图 8-18 所示。

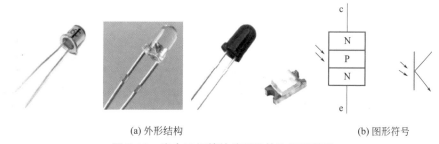

(a) 外形结构　　　　　　　　　　　　(b) 图形符号

图 8-18　光电三极管的外形结构和图形符号

2. 光电三极管的作用

光电三极管主要用于近红外探测器、光电耦合器、编码器、特性识别短路、过程控制电路及激光接收电路等。

3. 光电三极管的伏安特性

光电三极管的伏安特性是指在给定的光照度下光电三极管上的电压与电流的关系，该特性反映了当外加电压恒定时，光电流 I_c 与光照度之间的关系。其伏安特性曲线如图 8-19 所示。

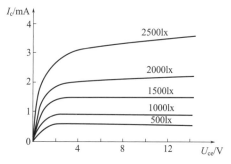

图 8-19　光电三极管的伏安特性曲线

8.4.7 光电三极管的检测

若用指针式万用表 $R \times 1k\Omega$ 挡位检测光电三极管，在无光照的情况下，对调两次表笔指针均接近"∞"，如图 8-20（a）、图 8-20（b）所示。

在光照的情况下，随着光照的增强，若电阻值会逐渐变小，则黑表笔接的是集电极（对于 NPN 型），红表笔接的是发射极，如图 8-20（c）所示。

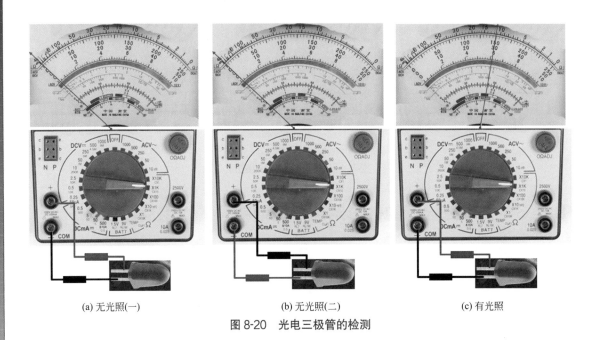

(a) 无光照(一)   (b) 无光照(二)   (c) 有光照

图 8-20　光电三极管的检测

8.5
气敏元件

扫一扫 看视频

8.5.1　气敏元件的作用、外形结构和图形符号

1. 气敏元件的作用

气敏元件是利用气体的吸附会使半导体本身的电导率发生变化这一原理将检测到的气体的成分和浓度转换为电信号的电阻。

气敏元件主要用来检测可燃性气体和毒性气体的泄漏，以防大气污染、爆炸、火灾、中毒等。

2. 气敏元件的外形结构、图形符号

半导体气敏元件是利用半导体材料对气体的吸附作用来改变其电阻的特性制成的。气敏元件的外形结构、图形符号如图 8-21 所示。气敏元件在电路中常用字母"RQ"或"R"表示。

(a) 外形结构

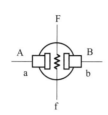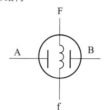

A–B: 检测极

F–f: 灯丝(加热极)

(b) 图形符号

图 8-21　气敏元件的外形结构、图形符号

8.5.2　气敏元件的分类及特性

气敏元件的分类及特性如表 8-8 所示。

表 8-8　气敏元件的分类及特性

分类		工作原理	特点	工作温度	可测气体
电阻式	表面控制型	是利用半导体表面因吸附气体而引起元件电阻值变化的特性而制成的，常用的金属氧化物半导体材料有氧化锡、氧化锌等	灵敏度高，响应速度快	室温至 +450℃	可燃性气体
	体控制型	在较低温度下反应性强，易还原的氧化物半导体因可燃性气体而改变其结构组成（晶格缺陷），使元件阻值改变。在高温下，离子在晶格内迅速扩展，使耐还原的氧化物半导体的晶格缺陷及浓度改变，从而导致元件电阻率发生变化。常用的元件材料有氧化锌、氧化钛、氧化钴、r-Fe$_2$O$_3$ 等	高、低温条件下的稳定性均较好	300～450℃ 或 700℃以上	可燃性气体、氧气、酒精
非电阻式	气敏二极管	如果二极管选用铂／硫化镉、铂／氧化钛、钯／氧化锌等材料制作，二极管的金属与半导体的界面就会吸附气体，而气体又会对半导体的禁带宽度造成影响，则二极管的整流特性就会因气体浓度的变化而变化		室温至 200℃	氧气、一氧化碳、酒精
	氢敏 MOS 场效应管	MOS 场效应管采用金属钯作栅极，由于金属钯可以吸收和溶解氢气，如果使钯栅极 MOS 场效应管处于含有氢气的气氛中，氢能渗透穿过钯，扩散到钯 - 二氧化硅等介质边界而形成电偶层，从而使 MOS 场效应管的开启电压随氢气浓度而变化，引起漏电流发生变化。若保持漏电流不变，则栅压与氢气浓度成正比		150℃	氧气、硫化氢

8.5.3 气敏元件的型号命名方法

气敏元件的型号由 3 部分组成，即：

第三部分：序号，用数字表示

第二部分：用途或特征，用字母表示

第一部分：主称，用MQ表示

型号第二、三部分字母、数字所代表的意义如表 8-9 所示。

表 8-9　光敏元件型号第二、三部分字母、数字所代表的意义

第二部分		第三部分
字母	含义	
J	酒精检测用	
K	可燃气体检测用	
Y	烟雾检测用	用数字表示产品序号
N	N 型气敏组件	
P	P 型气敏组件	

8.5.4 气敏元件的检测

对于气敏元件的检测，可按图 8-22 搭接一个电路。

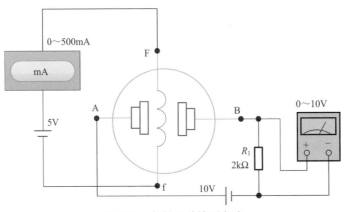

图 8-22　气敏元件检测电路

在气敏元件接入电路的瞬间，万用表的电压指针应向负方向偏转，经过几秒后回零，然后逐渐上升到一个稳定值，说明气敏元件已达到预热时间，电流表应指示在 150mA 以内，此时将香烟的烟雾飘向气敏元件，电压指示应大于 5V，电压变化幅度越大说明气敏元件性能越好。

8.6 湿敏元件

8.6.1 湿敏元件的作用、外形结构和图形符号

1. 湿敏元件的作用

湿敏元件是利用湿敏材料吸收空气中的水分而导致本身电阻值发生变化这一原理制成的电阻。

湿敏元件的主要作用有：用于家用电器中的加湿器、去湿机、空调器、摄（录）像机等湿度测量和控制；在各种仓库、蔬菜大棚、纺织车间及电力开关中测湿和控湿等；用于农业的育苗、栽培，环境的检测，暖化车间的检测等。

2. 湿敏元件的外形结构、图形符号

湿敏元件的外形结构和图形符号如图 8-23 所示。湿敏电阻在电路中的文字符号用字母"RS""R"或"RH"等表示。

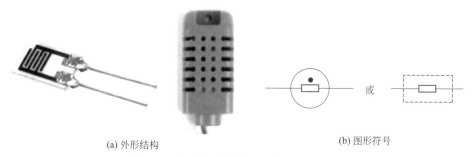

(a) 外形结构   (b) 图形符号

图 8-23　湿敏元件的外形结构和图形符号

8.6.2　湿敏元件的分类

湿敏元件的分类如图 8-24 所示。

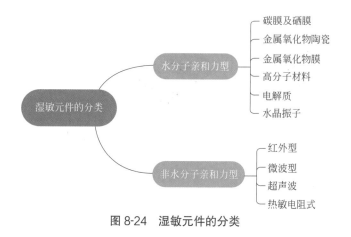

图 8-24　湿敏元件的分类

8.6.3 湿敏元件的检测

用万用表检测湿敏电阻，应先将万用表置于欧姆挡（具体挡位根据湿敏电阻阻值的大小确定），再用蘸水棉签放在湿敏电阻上，如果万用表显示的阻值在数分钟后有明显变化（依湿度特性不同而变大或变小），则说明所测湿敏电阻良好。

8.7
保险丝管

扫一扫 看视频

8.7.1 保险丝管的分类及结构

保险丝管的分类图 8-25 所示。

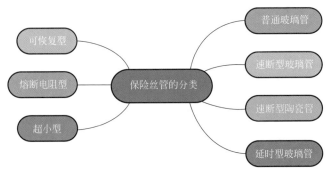

图 8-25 保险丝管的分类

常见保险丝管的外形结构和图形符号如图 8-26 所示。

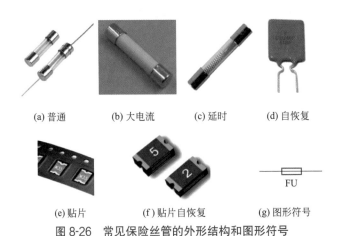

(a) 普通　　(b) 大电流　　(c) 延时　　(d) 自恢复

(e) 贴片　　(f) 贴片自恢复　　(g) 图形符号

图 8-26 常见保险丝管的外形结构和图形符号

8.7.2 普通熔断器

普通熔断器俗称保险管或保险丝，是一种不可恢复性元器件。普通熔断器的外形和电路符号如图 8-27 所示。

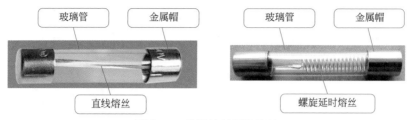

图 8-27　普通熔断器的外形

普通熔断器通常由玻璃管、金属帽及熔丝构成。两只金属帽套在玻璃的两端，熔丝装在玻璃管的内部，其两端分别焊接在两只金属帽的中心孔上，形状多为直线状。而彩色电视机、电脑显示器以及开关电源电路中使用的是延迟式熔断器，其熔丝为螺旋状。

根据不同的使用要求，保险管可分为无引线式和引线焊接式两种类型。无引线式保险管通常需与相应的保险管座配套使用以方便更换，常用的保险管座如图 8-28 所示。引线焊接式保险管则可以直接焊接在印制电路板或别的电路器件上，它可以减小电路的空间位置，如图 8-29 所示。

图 8-28　保险管座

图 8-29　引线焊接式保险管

按熔断时间、反应速度和性能可分为普通型和延迟型；按最高工作电压可分为 32V、125V、250V 和 600V 四种规格。

8.7.3　温度保险丝

温度保险丝又称超温保险器、热熔断器等，其外形如图 8-30 所示。这种元件通常安装在易发热电器中，一旦电器发生故障发热，当温度超过异常温度时，温度保险丝便会自动熔断，切断电源，防止电器引起火灾。

温度保险丝具有熔断温度准确、耐电压高、体积小以及成本低等特点。一般呈圆柱形，体积大小各异，外壳有铝管和瓷管两类，表面标注熔断温度（℃）、额定工作电压（V）及额定工作电流（A）等主要参数。正常的温度保险丝电阻值为零，当热熔断器熔断后，其表面颜色变为深褐色，其阻值为无穷大。

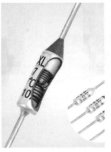

图 8-30　温度保险丝外形图

温度保险丝主要参数如表 8-10 所示。

表 8-10　温度保险丝主要参数

主要参数	解　说
额定温度	有时又称为动作温度或熔断温度，它是指无负荷的情况下，使温度以每分钟 1℃ 的速度上升至熔断时的温度
熔断精度	是指温度保险丝实际熔断温度与额定温度的差值
额定电流与电压	一般温度保险丝标称的电流及电压均有一定的余量，通常为 5A 和 10A

8.7.4　自恢复保险丝

自恢复保险丝是一种具有过流、过热保护功能的新型保护元件，可以多次重复使用。自恢复保险丝由高分子聚合物及导电材料等混合制成，其外形结构如图 8-31 所示。

(a) 通孔式

(b) 贴片式

图 8-31　自恢复保险丝外形结构

在电路工作正常时，自恢复保险丝处于导通状态；当电路出现过流时，自恢复保险丝自身温度将迅速上升，聚合材料受热后迅速进入高阻状态，由导体转变为绝缘体，从而切断电路中的电流；当故障排除、自恢复保险丝冷却后，它又呈低阻状态，自动接通电路。

自恢复保险丝按外形结构可分为插件式、表面安装式及贴片式等。其中插件式又可分为 RGE、RXE、RUE、RUSR 系列等；表面安装式又可分为 SMD、miniSMD 系列、TS 系列等；贴片式又可分为 SRP、LTP、VTP、TAC 系列等。

8.7.5 保险丝管的检测

1. 普通、温度保险丝的检测

先用观察法查看其内部熔丝是否熔断、是否发黑，两端封口是否松动等，若有上述情况，则表明已损坏。也可用万用表电阻挡直接测量，其两端金属封口阻值应为 0，否则为损坏。

2. 自恢复保险丝的检测

自恢复保险丝正常时的常温阻值为 0.02～5.5Ω。容量（电流）越小，常温阻值越高。常用加热法或电流法进行检测。

加热法检测如下：把万用表置于低阻挡，先测量其常温阻值；然后将热源（如吹风机、电烙铁）靠近自恢复保险丝，再次测量其热态阻值，此时阻值应不断增大；此后撤掉热源，待一会儿阻值应恢复至常温低阻。测量时，若有上述规律，则认为自恢复保险丝正常，否则判断为损坏。

8.8
保险电阻

扫一扫 看视频

保险电阻又叫安全电阻或熔断电阻，是一种兼电阻器和熔断器双重作用的功能元件。在正常情况下，保险电阻与普通电阻一样，具有降压、分压、耦合、匹配等多种功能和同样的电气特性。而一旦电路出现异常，如电路发生短路或过载，流过保险电阻的电流就会大大增加。当流过保险电阻的电流超过它的额定电流，使其表面温度达到 500～600℃时，电阻层便会迅速剥落熔断，从而保护电路中其他元件免遭损坏，并防止故障的扩大。保险电阻的电阻值很小，一般为几欧至几十欧，并且大部分都是不可逆的，即熔断后不能恢复使用。保险电阻外形结构如图 8-32 所示。

图 8-32 保险电阻外形结构

常用的大功率通孔式保险电阻一般用一个色环来标注额定阻值和额定电流，不同色环表示的阻值如表 8-11 所示。

表 8-11 大功率通孔式保险电阻色环表示的阻值

颜色	阻值 /Ω	功率 /W	电流 /A
黑色	10	1/4	3.0
红色	2.2	1/4	3.5
白色	1	1/4	2.8

第 9 章
晶闸管

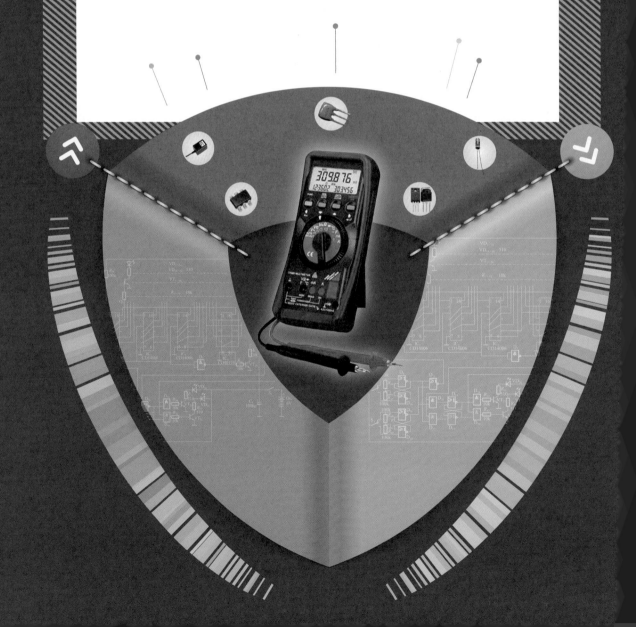

9.1

晶闸管的作用、外形结构、图形符号及伏安特性

扫一扫 看视频

9.1.1 晶闸管的作用、外形结构、图形符号

1. 晶闸管的作用

晶体闸流管简称晶闸管，又称为可控硅器件。晶闸管实际上是一种可控的导电开关，它能在弱电流的作用下可靠地控制大电流的流通。晶闸管具有体积小、重量轻、功率低、效率高、寿命长及使用方便等优点。晶闸管主要用在无触点开关、调速电路、功率负载的调压及稳压、变频及控制等电子电路中。

2. 晶闸管的外形结构及图形符号

普通晶闸管的结构、符号及等效图如图 9-1 所示。从图中可以看出，它是具有 3 个 PN 结的四层半导体器件。由最外边一层的 P 型材料引出一个电极作为阳极 A，由最外边一层的 N 型材料引出一个电极作为阴极 K，中间的 P 型材料引出一个电极作为控制极。

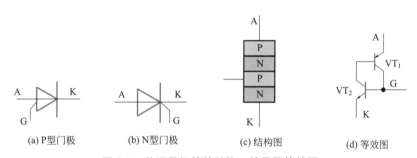

(a) P型门极   (b) N型门极   (c) 结构图   (d) 等效图

图 9-1 普通晶闸管的结构、符号及等效图

常见晶闸管的外形结构如图 9-2 所示。

图 9-2 常见晶闸管的外形结构

9.1.2 单向晶闸管的伏安特性

单向晶闸管的伏安特性如图 9-3 所示。

从特性曲线图上可以看出它分 4 个区，即反向击穿区、反向阻断区、正向阻断区、正向导通区。在大多数情况下，晶闸管的应用电路均工作在正向阻断和正向导通两个区域。晶闸管 A、K 极间所加的反向电压不能大于反向峰值电压，否则有可能使其烧毁。

当 $I_G=0$ 时，晶闸管两端施加正向电压，处于正向阻断状态，只有很小的正向漏电电

流流过，正向电压超过临界极限即正向转折电压 V_{BO}，则漏电流急剧增大，晶闸管开通。随着门极电流幅值的增大，正向转折电压降低。导通后的晶闸管特性和二极管的正向特性相仿。晶闸管本身的压降很小，在 1V 左右。导通期间，如果门极电流为零，并且阳极电流降至接近零的某一个数值 I_H 以下，则晶闸管又回到正向阻断状态，故 I_H 被称为维持电流。

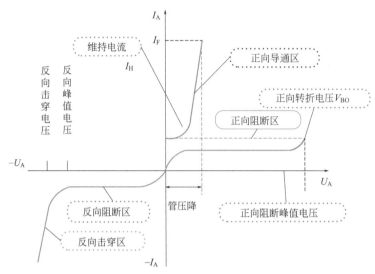

图 9-3　单向晶闸管的伏安特性

晶闸管上施加反向电压时，伏安特性类似二极管的反向特性。晶闸管门极触发电流从门极流入晶闸管，从阴极流出；阴极是晶闸管主电路与控制电路的公共端；门极触发电流也往往是通过触发电路在门极和阴极之间施加触发电压而产生的；晶闸管的门极和阴极之间是 PN 结 J_3，其伏安特性称为门极伏安特性。为保证可靠、安全地触发，触发电路所提供的触发电压、电流和功率应限制在可靠触发区。

9.2
晶闸管的命名方法

扫一扫 看视频

国产晶闸管的型号命名主要由四部分组成，各部分的组成如图 9-4 所示，各部分的含义如表 9-1 所示。

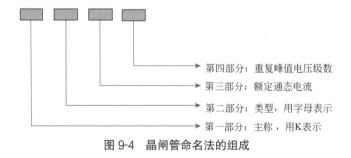

图 9-4　晶闸管命名法的组成

表 9-1　晶闸管的型号命名

第一部分：主称		第二部分：类别		第三部分：额定通态电流		第四部分：重复峰值电压级数	
字母	含义	字母	含义	数字	含义	数字	含义
K	晶闸管（可控硅）	P	普通反向阻断型	1	1A	1	100V
				5	5A	2	200V
				10	10A	3	300V
				20	20A	4	400V
		K	快速反向阻断型	30	30A	5	500V
				50	50A	6	600V
				100	100A	7	700V
				200	200A	8	800V
		S	双向型	300	300A	9	900V
				400	400A	10	1000V
				500	500A	12	1200V
						14	1400V

晶闸管命名示例：KP1-2 表示 1A、200V 普通反向阻断型晶闸管；KS5-4 表示 5A、400V 双向晶闸管。

9.3
晶闸管的分类

扫一扫 看视频

晶闸管的分类如图 9-5 所示。

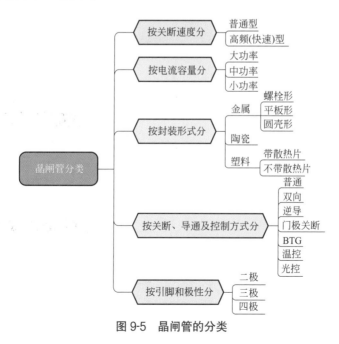

图 9-5　晶闸管的分类

9.3.1　普通晶闸管

普通晶闸管（SCR）也称单向晶闸管，是由 P-N-P-N 四层半导体材料构成的三端半导体器件，三个引脚分别为阳极、阴极和门极，其阳极与阴极之间具有单向导电性。

当晶闸管反向连接（即 A 极接电源负极，K 极接电源正极）时，无论门极 G 所加电压是什么极性，晶闸管均不导通，而处于关断状态，如图 9-6（a）所示。当晶闸管正向

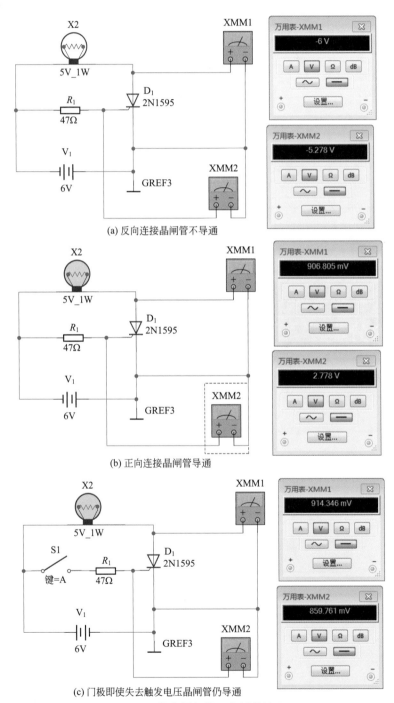

(a) 反向连接晶闸管不导通

(b) 正向连接晶闸管导通

(c) 门极即使失去触发电压晶闸管仍导通

图 9-6　单向晶闸管工作触发情况

连接（即 A 极接电源正极，K 极接电源负极）时，若门极 G 所加触发电压为负值，则晶闸管也不导通；只有其门极 G 加上适当的正向触发电压时，晶闸管才能由关断状态转变为导通状态。此时，晶闸管阳极 A 与阴极 K 之间呈低阻导通状态，A、K 极之间压降约为 1V，如图 9-6（b）所示。

单向晶闸管受触发导通后，其门极 G 即使失去触发电压，只要阳极和阴极之间仍保持正向电压，晶闸管就维持低阻导通状态，如图 9-6（c）所示。只有把阳极、阴极之间电压极性发生改变（如交流过零）时，单向晶闸管才由低阻导通状态转变为高阻截止状态。单向晶闸管一旦截止，即使其阳极和阴极之间又重新加上正向电压，仍需在门极和阴极之间重新加上正向触发电压方可导通。单向晶闸管的导通与截止状态相当于开关的闭合和断开状态，用它可以制成无触头电子开关，去控制直流电源电路。

9.3.2　双向晶闸管

1. 双向晶闸管结构及图形符号

双向晶闸管是由 N-P-N-P-N 五层半导体材料构成的，相当于两只单向晶闸管反向并联。它也有三个电极，分别为主电极 T_1、主电极 T_2 和门极 G，其外形图、结构图和符号图如图 9-7 所示。

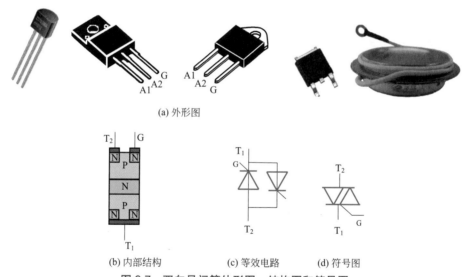

(a) 外形图

(b) 内部结构　　(c) 等效电路　　(d) 符号图

图 9-7　双向晶闸管外形图、结构图和符号图

2. 双向晶闸管的触发方式

双向晶闸管可以双向导通，无论主电极 T_1 与主电极 T_2 间所加电压极性是正向还是反向，只要门极 G 和主电极 T_1 或 T_2 间加有正负极不同的触发电压，满足其必需的触发电流，均能触发双向晶闸管正、负两个方向的导通。通常情况下，双向晶闸管的触发方式有以下四种：

① 门极 G 和主电极 T_1 相对于主电极 T_2 的电压为正，如图 9-8（a）所示，即 $U_G > U_{T_2}$、$U_{T_1} > U_{T_2}$。双向晶闸管的导通方向为 $T_1 \rightarrow T_2$，此时 T_1 为阳极，T_2 为阴极。

② 门极 G 和主电极 T_2 相对于主电极 T_1 的电压为负，如图 9-8（b）所示，即 $U_G < U_{T_1}$、$U_{T_2} < U_{T_1}$。双向晶闸管的导通方向为 $T_1 \rightarrow T_2$，此时 T_1 为阳极，T_2 为阴极。

③ 门极 G 和主电极 T_1 相对于主电极 T_2 的电压为负，如图 9-8（c）所示，即 $U_G < U_{T_2}$、$U_{T_1} < U_{T_2}$。双向晶闸管的导通方向为 $T_2 \rightarrow T_1$，此时 T_2 为阳极，T_1 为阴极。

④ 门极 G 和主电极 T_2 相对于主电极 T_1 的电压为正，如图 9-8（d）所示，即 $U_G > U_{T_1}$、$U_{T_2} > U_{T_1}$。双向晶闸管的导通方向为 $T_2 \rightarrow T_1$，此时 T_2 为阳极，T_1 为阴极。

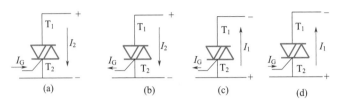

图 9-8　双向晶闸管的四种触发方式

双向晶闸管一旦导通，即使失去触发电压，也能继续维持导通状态。当主电极 T_1、T_2 之间电流减小至维持电流以下或 T_1、T_2 之间电压改变极性，且无触发电压时，双向晶闸管即可自动断开，只有重新施加触发电压，才能再次导通。

双向晶闸管与单向晶闸管相比较，两者的主要区别是：

☞ 单向晶闸管触发后单向导通，双向晶闸管则是双向道通；

☞ 单向晶闸管触发电压分极性，双向晶闸管触发电压不分极性，只要绝对值达到触发门限值即可使双向晶闸管导通。

9.3.3　门极关断晶闸管

门极关断晶闸管也称 GTO 晶闸管，是一种施加适当极性门极信号，可从通态转换到断态或从断态转换到通态的三端晶闸管。

门极关断晶闸管（以 P 型门极为例）是由 P-N-P-N 四层半导体材料构成的，其三个电极为阳极 A、阴极 K 和门极 G。如图 9-9 为其结构及电路符号图。

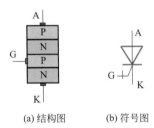

(a) 结构图　　　(b) 符号图

图 9-9　门极关断晶闸管结构及电路符号图

门极关断晶闸管也具有单向导电特性，即当阳极 A、阴极 K 两端为正向电压，在门极 G 上加正向的触发电压时，晶闸管将导通，导通方向 A→K。

普通晶闸管靠门极正信号触发后，撤掉触发电压信号也能维持导通状态。只有切断电源使其正向电流低于维持电流，或施加反向电压，才能使其关断。门极关断晶闸管处于导通状态时，若在其门极上加一个适当的负电压，则能使导通的晶闸管关断。

门极关断晶闸管广泛应用于斩波调速、变频调速、逆变电源等领域。

9.3.4　光控晶闸管

光控晶闸管（LAT）也称光控可控硅，内部由 P-N-P-N 四层半导体材料构成，可等效为由两只晶体管和一只电容、一只光敏二极管组成的电路，光控晶闸管的结构、等效电路及符号图如图 9-10 所示。

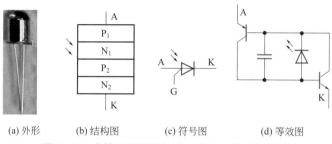

(a) 外形　　(b) 结构图　　(c) 符号图　　(d) 等效图

图 9-10　光控晶闸管的结构、等效电路及符号图

由于光控晶闸管的控制信号来自光的照射，故其只有阳极 A 和阴极 K 两个引出电极，门极为受光窗口（小功率晶闸管）或光导纤维、光缆等。

当在光控晶闸管的阳极 A 加上正向电压，阴极 K 加上负电压时，再用足够强的光照射一下其受光窗口，晶闸管即可导通。晶闸管受光触发导通后，即使光源消失也能维持导通，除非加在阳极 A 和阴极 K 之间的电压消失或极性改变，晶闸管才能关断。

光控晶闸管的触发光源有激光器、激光二极管和发光二极管等。

9.3.5　晶闸管模块

晶闸管模块是将两只或两只以上参数一致的普通晶闸管串联或并联在一起构成的功率控制组件，晶闸管模块外形及符号图如图 9-11 所示。

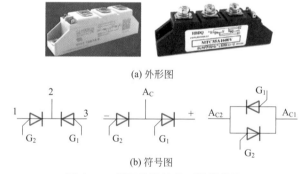

(a) 外形图

(b) 符号图

图 9-11　晶闸管模块外形及符号图

晶闸管模块具有体积小、散热好、安装方便等优点，被广泛应用于电动机调速、无触头开关、交流调压、低压逆变、高压控制、整流、稳压等电子电路中。

9.4
晶闸管的主要技术参数

晶闸管的主要参数如表 9-2 所示。

表 9-2　晶闸管的主要参数

序号	主要参数	解　说
1	正向转折电压 V_{BO}	晶闸管的正向转折电压 V_{BO} 是指在额定结温为 100℃ 及门限（G）开路的条件下，在其阳极（A）与阴极（K）之间加正弦半波正向电压，使其由关断状态转变为导通状态时所对应的峰值电压
2	正向阻断峰值电压 V_{PF}	晶闸管的正向阻断峰值电压 V_{PF} 也称断态重复值电压 V_{DRM}，是指晶闸管在正向阻断时，允许加在 A、K（或 T_1、T_2）极间最大的峰值电压。此电压约为正向转折电压减去 100V 后的电压值
3	额定正向平均电流 I_F	额定正向平均电流 I_F 也称额定通态平均电流 I_T，是指在规定环境温度和标准散热条件下，晶闸管正常工作时其 A、K（或 T_1、T_2）极间所允许通过电流的平均值
4	反向击穿电压 V_{BR}	反向击穿电压 V_{BR} 是指在额定结温下，晶闸管阳极与阴极之间施加正弦反向电压，当其反向漏电流急剧增加时所对应的峰值电压
5	反向峰值电压 V_{PR}	反向峰值电压 V_{PR} 也称反向重复峰值电压 V_{RRM}，是指晶闸管在门极 G 断路时，允许加在 A、K 极间的最大反向峰值电压。此电压约为反向击穿电压减去 100V 后的峰值电压
6	正向平均电压 V_F	正向平均电压 V_F 也称通态平均电压或通态压降 V_T，是指在规定环境温度和标准散热条件下，当通过晶闸管的电流为额定电流时，其阳极与阴极之间电压降的平均值，通常为 0.4～1.2V
7	触发电压 V_G	触发电压 V_G 也称门极触发电压 V_{GT}，是指在规定环境温度和晶闸管阳极与阴极之间为一定值正向电压的条件下，使晶闸管从阻断状态转变为导通状态所需的最小门极直流电压，一般为 1.5V 左右
8	触发电流 I_G	触发电流 I_G 也称门极触发电流 I_{GT}，是指在规定环境温度和晶闸管阳极与阴极之间为一定值电压的条件下，使晶闸管从阻断状态转变为导通状态所需要的最小门极直流电流
9	门极反向电压 V_{RG}	门极反向电压 V_{RG} 是指晶闸管门极上所加的反向直流电压，一般不超过 10V
10	维持电流 I_H	维持电流 I_H 是指维持晶闸管导通的最小直流电流。当正向电流小于 I_H 时，导通的晶闸管会自动关断
11	正向平均漏电流 I_{FL}	正向平均漏电流 I_{FL} 也称断态重复平均电流 I_{DR}，是指晶闸管在关断状态下的正向最大平均漏电电流值，一般小于 100μA
12	反向漏电流 I_{RL}	反向漏电流 I_{RL} 也称反向重复平均电流 I_{RR}，是指晶闸管在关断状态下的反向最大漏电流值，一般小于 100μA

9.5
晶闸管封装形式及引脚识别

扫一扫 看视频

　　普通晶闸管可以根据其封装形式来判断出各电极。例如：螺栓形普通晶闸管的螺栓一端为阳极 A，较细的引线端为门极 G，较粗的引线端为阴极 K，如图 9-12 所示。

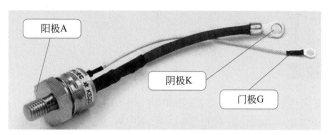

图 9-12　螺栓形普通晶闸管引脚的识别

平板形普通晶闸管的引出线端为门极 G，平面端为阳极 A，另一端为阴极 K，如图 9-13 所示。

图 9-13　平板形普通晶闸管电极的引脚

塑封普通晶闸管的中间引脚为阳极 A，且多与自带散热片相连，如图 9-14 所示。

图 9-14　塑封普通晶闸管引脚的识别

9.6

晶闸管常见故障

9.6.1　短路故障

对于单向晶闸管来说，就是 A→K 极、G→K 极和 A→G 极短路。对于双向晶闸管来说，就是 $T_2→T_1$ 极、G→T_1 极和 T_2→G 极短路。任意两极发生短路，都会使这两极间的电阻值比正常值小许多，甚至为 0。晶闸管出现了短路故障后，不但晶闸管本身起不到控制作用，还会造成电路中其他器件或电源损坏。短路后，工作电流很大，常会烧毁主电路的保险丝。

9.6.2 断路故障

对于单向晶闸管来说，就是 G→K 极或 A→G 极间不能导通正向电流。对于双向晶闸管来说，就是 G→T$_1$ 极或 T$_2$→T$_1$ 极间不能导通正、反向电流。

不管是单向晶闸管还是双向晶闸管，只要两极间断路，这两极间的电阻值就为无穷大。应用中的晶闸管，无论哪个电极出现了断路故障，都将失去作用。

9.6.3 漏电故障

对于单向晶闸管来说，漏电故障就是 A→K 极间呈现一定正、反向电阻值，G→K 极间呈现一定反向电阻值。工作中不管控制极是否加了触发电压，A→K 极间都会流通一定的电流。这就是漏电故障的特点。

对于双向晶闸管来说，漏电故障就是 T$_2$→T$_1$ 极呈现一定的电阻值。在未加触发电压时，T$_2$→T$_1$ 极间也能流通一定的电流，但比 T$_2$→T$_1$ 极间正常工作的电流值小，这时的双向晶闸管就存在漏电故障。

9.7
晶闸管的检测

扫一扫 看视频

9.7.1 单向晶闸管的检测

1. 单向晶闸管的极间电阻值

某个单向晶闸管的极间电阻值如图 9-15 所示。

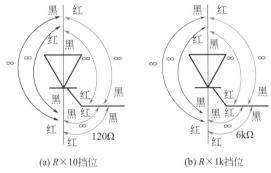

(a) R×10 挡位　　　　　　(b) R×1k 挡位

图 9-15　某个单向晶闸管的极间电阻值

对图 9-15 测量数据需要说明以下几点。

① 当用不同电阻挡位对单向晶闸管极间进行测量时，测出的电阻值不同。图 9-15（a）是用 R×10 挡位测出的结果（K-G 为 120Ω）；用 R×1k 挡位测出的结果（K-G 为 6kΩ）为图 9-15（b）。出现这样不同的结果，主要是万用表挡位的不同，内阻不同所致的。

② 在测量 G→K、K→G 的阻值时，测出的结果是不同的，这表明 G-K 极间电阻有正、反向之分，正向电阻值较小，反向电阻值较大。

③ G→E、A→G、A→K、K→A 极间电阻值都为无穷大。

2. 用指针式万用表判断门极

万用表的挡位选择 $R×10$ 或 $R×1k$，测任意两脚之间的正、反向电阻值，若正、反向电阻值均接近无穷大，则两脚即阳极和阴极，而另一脚为门极，如图 9-16 所示。

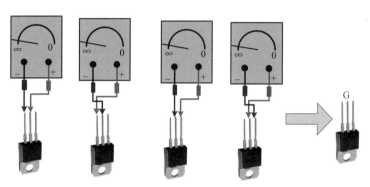

图 9-16　用指针式万用表判断门极

3. 用指针式万用表判断阳极、阴极

万用表的挡位选择 $R×10$ 或 $R×1k$，将万用表黑表笔接晶闸管门极，红表笔依次去触碰另外两个电极。若测量结果有一次阻值为几千欧，而另一次阻值为几百欧，则可判断黑表笔接的是门极。在阻值为几百欧的测量中，红表笔接的是阴极，而在阻值为几千欧的那次测量中，红表笔接的是阳极，如图 9-17 所示。

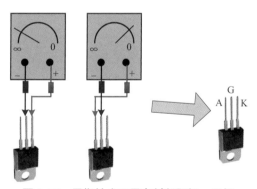

图 9-17　用指针式万用表判断阳极、阴极

4. 判断其好坏

用万用表 $R×1k$ 挡位测量普通晶闸管阳极 A 与阴极 K 之间的正、反向电阻值，正常时均应为无穷大；若测得 A、K 之间的正、反向电阻值为零或阻值均较小，则表明晶闸管内部击穿短路或漏电。

测量门极 G 与阴极 K 之间的正反向电阻值，正常时应有类似二极管的正、反向电阻值（实测结果要较普通二极管的正向、反向电阻值小一些），即正向电阻值较小（小于 $2k\Omega$），反向电阻值较大（大于 $80k\Omega$）。若两次测量的电阻值均很大或均很小，则表明该晶闸管 G、K 极之间开路或短路。若正、反向电阻值相等或接近，则表明该晶闸管已失效，其 G、K 极之间 PN 结已失去单向导电作用。

测量阳极 A 与门极 G 之间的正、反向电阻值，正常时两个阻值均应为几百欧或无穷大，若出现正、反向电阻值不一样（类似二极管的单向导电）的情况，则是 G、A 极之间反向串联的两个 PN 结中的一个已击穿短路。

9.7.2 检测单向晶闸管的触发能力

对于小功率（工作电流为 5A 以下）的普通晶闸管，可用万用表 $R×1$ 挡位测量。测量时黑表笔接阳极 A，红表笔接阴极 K，此时表针不动，显示阻值为无穷大，如图 9-18（a）所示。用镊子或导线将晶闸管的阳极与门极短路，相当于给 G 极加上触发电压，此时若电阻值为几欧至几十欧（具体阻值根据晶闸管的型号不同会有所差异），则表明晶闸管正向触发而导通，如图 9-18（b）所示。再断开 A 极与 G 极的连接（A、K 极上的表笔不动，只将 G 极的触发电压断掉），若表针示值仍保持在原位置不动，则说明此晶闸管的触发性能良好，如图 9-18（c）所示。

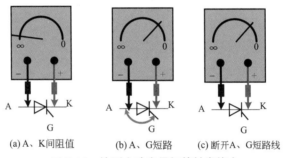

(a) A、K 间阻值　　(b) A、G 短路　　(c) 断开 A、G 短路线

图 9-18　检测小功率晶闸管触发能力

对于工作电流在 5A 以上的中、大功率普通晶闸管，因其通态压降 V_T、维持电流 I_H 及门极触发电压均相对较大，万用表 $R×1$ 挡位所提供的电流偏低，晶闸管不能完全导通，故检测时可在黑表笔端串联一只 200Ω 可调电阻和 1～3 节 1.5V 干电池（视被测晶闸管的容量而定，其工作电流低于 100A 的，应用 3 节 1.5V 干电池）。

9.7.3 双向晶闸管的检测

1. 双向晶闸管的极间电阻值

某个双向晶闸管的极间电阻值如图 9-19 所示。

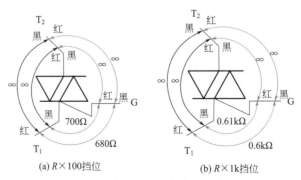

(a) $R×100$ 挡位　　　　(b) $R×1k$ 挡位

图 9-19　某个双向晶闸管的极间电阻值

2. 指针式万用表检测双向晶闸管

（1）首先确定主电极 T_2

万用表的挡位选择 $R\times10$ 或 $R\times1k$，测任意两脚之间的正、反向电阻值，若正、反向电阻值均接近无穷大，则就能确定固定表笔的那脚为 T_2 极。如图 9-20 所示。有散热板的双向晶闸管 T_2 极往往与散热板相连通。

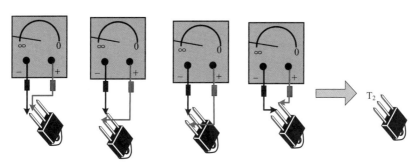

图 9-20　首先确定主电极 T_2

（2）再确定主电极 T_1、G 极

确定 T_2 极之后，假设剩下两脚中某一脚为 T_1 极，另一脚假设为 G 极，将黑表笔接假设 T_1 极，红表笔接 T_2 极，并在黑表笔不断开与 T_1 极连接的情况下，把 T_2 极与假设 G 极瞬时短接一下（给 G 极加上负触发信号），万用表指针向右偏转，说明管子已经导通，导通方向为 $T_1 \rightarrow T_2$，上述假设的两极正确，如图 9-21 所示。如果万用表没有指示，电阻值仍为无穷大，说明管子没有导通，假设错误，可改变两极假设，连接表笔再测。

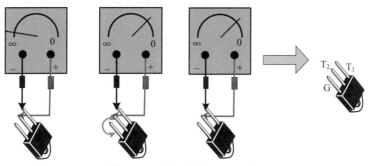

图 9-21　确定主电极 T_1、G 极

如果按哪种假设去测量，都不能使双向晶闸管触发导通，证明管子已损坏。

9.8
晶闸管的选用、代换

9.8.1　晶闸管的选用原则

1. 类型的选用

晶闸管有多种类型，应根据应用电路的具体要求合理选用。

① 若用于交直流电压控制、可控整流、交流调压、逆变电源、开关电源保护电路等，可选用普通晶闸管。

② 若用于交流开关、交流调压、交流电动机线性速度、灯具线性调光及固态继电器、固态接触器等电路中，应选用双向晶闸管。

③ 若用于交流电动机变频调速、逆变电源及各种电子开关电路等，可选用门极关断晶闸管。

④ 若用于锯齿波发生器、长时间延时器、过压保护器及大功率晶体管触发电路等，可选用 BGT 晶闸管。

⑤ 若用于电磁炉、电子镇流器、超声波电路、超导磁能储存系统及开关电源等电路，可选用逆导晶闸管。

2. 参数选用

所选用晶闸管的主电压、主电流等参数应降额选择，要留有一定的功率余量，其额定峰值电压和额定电流（通态平均电流）均应高于受控电路的最大工作电压和最大工作电流的 1.5 倍。

晶闸管的正向压降、门极触发电流及触发电压等参数应符合应用电路（指门极的控制电路）的各项要求，不能偏高或偏低，否则会影响晶闸管的正常工作。

在不允许晶闸管受干扰而误导通的电路（如电机调速电路等）或触发脉冲功率强的电路中，可选择门极的触发电压 V_G、触发电流 I_G 稍大一些的晶闸管（如门极触发电压 $V_G >$ 2V，门极触发电流 $I_G > 150mA$），以保证不出现误导通。

若应用于窄脉冲触发电路中，可选一些 V_G、I_G 低一些的晶闸管（如 $V_G < 1.5V$、$I_G \leq 100mA$），可减少因触发灵敏度低而引起的断相运行。

选择晶闸管时，还应根据不同的场合及线路、负载的状态而对一些其特定的参数进行选择，例如，选择快速或中频晶闸管时，还应考虑换向关断时间等参数。

9.8.2 晶闸管的代换

在代换晶闸管时，一般要注意以下几点：

① 管子的外形要相同，因为外形不同，就无法正常安装。

② 管子的开关速度要基本一致。如 KK 型快速晶闸管就不能用 KP 型或 3CT 型普通晶闸管代换，KP 型晶闸管则可以用 3CT 型普通管代换。

③ 选取代换时，不管什么参数，都不必留有过大的余量，因为过大的余量不仅是一种浪费，有时反而起不好的作用。例如，选用电流是 30A 的晶闸管来代换 20A 的，虽然安全，但是 20A 晶闸管只需要较小的电流就能触发导通，而 30A 的晶闸管则需要较大的电流才能触发导通。因此，当把这个 30A 晶闸管更换到电路上，可能会出现不触发或触发不灵敏的现象。

9.8.3 晶闸管的故障及处理方法

1. 发生过电流的原因及保护

晶闸管发生过电流时，将使温度急剧上升到允许温度以上，随即使转折电压急剧下降，以致完全失去阻断特性，电流迅速增加，导致晶闸管的结层烧毁，造成永久损坏。

晶闸管发生过电流的原因主要有负载短路、过载、多个晶闸管并联时其中一个或几个开路使未开路的过电流、触发电路异常等。

晶闸管过电流的保护措施及方法如下。

（1）用快速熔断器

普通保险管的熔断时间比晶闸管过电流损坏所需时间还长很多，因此不能用。必须用熔断时间极短的快速保险丝，才能在晶闸管未坏之前先烧断保险丝，有效地切断电流，使晶闸管得到保护。快速保险丝通常安装在主电路上。快速保险丝的熔断时间极短，一般保险丝的额定电流选择晶闸管额定平均电流的 1.5 倍。

（2）用其他元器件

用灵敏继电器（快速过流继电器）、快速开关保护等。

2. 发生过电压的原因及保护

过电压就是电路电压超过晶闸管允许的工作电压，引起过电压的原因有如下几种。

① 晶闸管在应用时，交流电的通、断将引起浪涌峰值电压，这一峰值电压在瞬间内很高，将使晶闸管承受瞬间的过电压。

② 当一些负载在插入或拔出时，也将产生峰值电压，使晶闸管承受过电压。

③ 在感性电路中，突然关断开关或快速烧断保险丝时，也容易产生较高感应电压加到晶闸管上。

④ 逆变器中晶闸管换向时，由正向导通变为截止既要加上反向电压，还需要经过 $2 \sim 3\mu s$ 的时间才能完成。在这极短时间内，主回路会有很大反向电流，在晶闸管关断反向电流的瞬间，回路中电感线圈会因电流突变而形成晶闸管过压。

⑤ 电网电压波动、雷电等，都将使晶闸管在电路中承受过电压。

晶闸管过电压的保护措施及方法：可采用并联 RC 吸收电路的方法。当然也可以采用压敏电阻过压变化元件进行过压保护。

3. 散热问题

一般小功率晶闸管不需要加散热片，但应远离发热器件，例如大功率电阻、大功率三极管及电源变压器等。对于大功率晶闸管，必须按相关要求加装散热装置以到达冷却条件，从而保证管子工作时的温度不超过结温。

4. 晶闸管可靠触发的问题

控制极触发电压过低或触发电流过小，都会造成晶闸管触发困难的现象发生。一般集成电路输出的电流都较小，为保证集成电路输出能可靠触发晶闸管使其导通，可在其输出端加一级半导体三极管放大电路，以提供足够大的驱动电流来保证晶闸管可靠地触发导通。

在使用可关断晶闸管时，为保证导通与关断的可靠性，最好采用强触发、强关断。为实现强触发，控制极触发脉冲电流一般应为额定触发电流的 $3 \sim 5$ 倍。

有时触发电压过高、触发电流过大，又容易引起晶闸管的误触发，使电路的抗干扰能力变差。可采用以下方法加以避免：

① 应尽量使晶闸管的控制极回路远离电感元件。

② 采用屏蔽措施对控制极回路进行屏蔽。

③ 在控制极与阴极间并接一个 $0.01 \sim 0.1\mu F$ 的电容，以削弱干扰脉冲的作用。

④ 在控制极上加反向偏置电压。

第 10 章
集成电路

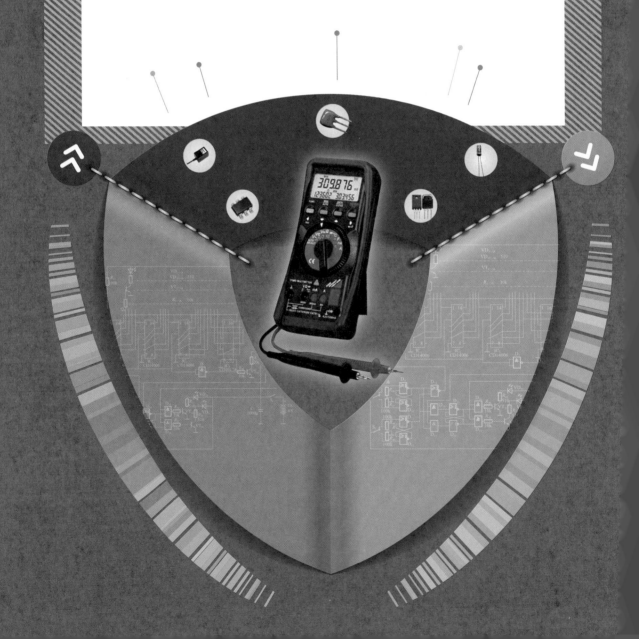

10.1
集成电路的分类及型号命名方法

集成电路是 20 世纪 60 年代发展起来的一种半导体器件。它的英文名称为 Intcgrated Circuites，缩写为 IC。把一个单元电路或一些功能电路或某一整机的功能电路集中制作在一个芯片或瓷片上，再封装在一个便于安装、焊接的外壳中，这种集成在一起的电路称为集成电路。

10.1.1 集成电路的分类

集成电路的分类如图 10-1 所示。

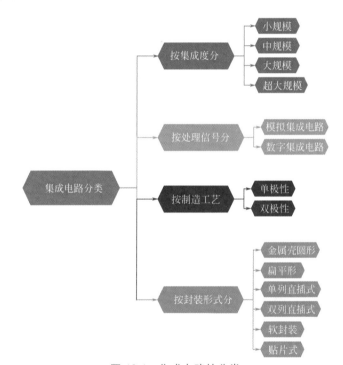

图 10-1 集成电路的分类

10.1.2 我国集成电路型号的命名方法

我国集成电路的型号命名一般由五部分组成，即

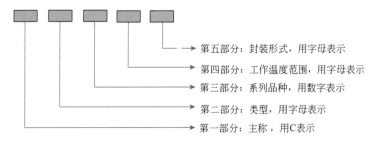

第五部分：封装形式，用字母表示

第四部分：工作温度范围，用字母表示

第三部分：系列品种，用数字表示

第二部分：类型，用字母表示

第一部分：主称，用C表示

各部分含义如表 10-1 所示。

表 10-1　国产集成电路的型号命名

第一部分		第二部分		第三部分	第四部分		第五部分	
表示器件符合国家标准		用字母表示器件的类型		用阿拉伯数字表示器件的系列和品种代号	用字母表示器件的工作温度范围		用字母表示器件的封装形式	
符号	意义	符号	意义		符号	意义	符号	意义
C	中国制造	T	TTL		C	0～70℃	W	陶瓷扁平
		H	HTL		E	-40～85℃	B	塑料扁平
		E	ECL		R	-55～85℃	F	全封闭扁平
		C	CMOS				D	陶瓷直插
		F	线性放大器				P	塑料直插
		D	音响、电视电路		M	-55～125℃	J	黑陶瓷直插
		W	稳压器				K	金属菱形
		J	接口电路				T	金属圆形

示例：

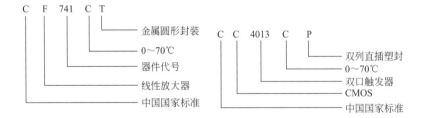

```
C  F  741  C  T
              └── 金属圆形封装
           └───── 0～70℃
      └────────── 器件代号
   └───────────── 线性放大器
└──────────────── 中国国家标准

C  C  4013  C  P
               └── 双列直插塑封
            └───── 0～70℃
      └─────────── 双口触发器
   └────────────── CMOS
└───────────────── 中国国家标准
```

10.1.3　集成电路国外部分生产厂家及产品代号

　　集成电路的品种型号繁多，至今国际上对集成电路型号的命名尚无统一标准，各生产厂家都是按自己所规定的方法对集成电路进行命名的。一般情况下，国外许多集成电路制造公司将自己公司名称的缩写字母或公司产品代号放在型号的开头，然后是器件编号、封装形式和工作温度范围。

　　现行国家标准对集成电路型号的规定，是完全参照世界上通行的型号规定的，除第一部分和第二部分外，其后的部分则与国际通用型号一致，其功能、引脚端排列和电特性均与国外同类产品一致。

　　表 10-2 列出了一些国外部分集成电路生产厂家和它们的产品代号，供代换时参考。

表 10-2　集成电路国外部分生产厂家及产品代号

前缀字母	生产厂家	前缀字母	生产厂家
AC	得克萨斯仪器公司（美）	TDA	汤姆逊半导体公司（法）
AD	模拟器件公司（ANA）（美）	TL	得克萨斯仪器公司（美）

前缀字母	生产厂家	前缀字母	生产厂家
AN	松下电气公司（日）	ULN	摩托罗拉半导体公司（美）
BA	罗姆公司（日）	μPC	电气公司（NEC）（日）
CA	美国无线电公司（BCA）	TDA	西门子公司、德律风根公司（德）
CX	索尼公司（日）		
CXA	索尼公司（日）		
CXD	索尼公司（日）	TDA	电气公司、日立公司（日）
HA	日立公司（日）		
KA	三星电子公司（韩）	LM	国家半导体公司、西格尼蒂克公司、飞兆半导体公司、摩托罗拉半导体公司（美）
KIA	韩国电子公司（韩）		
LA	三洋电气公司（日）		
LB	三洋电气公司（日）		
LF	飞利浦（荷兰）	TDA	美国摩托罗拉半导体公司、美国国家半导体公司、美国无线电公司
LM	三洋电气公司（日）		
LM	飞利浦（荷兰）		
LM	三星电子公司（韩）		
M	三菱公司（日）	MC	摩托罗拉公司（MOTA）（美）
RA	日立公司（HIT）（日）	NE	悉克尼特公司（SIC）（美）
mA	仙童公司（PSC）（韩）	TA	东芝公司（TOS）（日）
TL	得克萨斯公司（TII）（韩）	IC	英特西尔公司（INL）（美）

10.2
集成电路使用常识

扫一扫 看视频

10.2.1 集成电路引脚排列规律

集成电路的外壳不仅起着安装、固定、密封、保护芯片及增强电热性能等方面的作用，同时还通过芯片上的接点用导线连接到封装外壳的引脚上，这些引脚又通过印制电路板上的导线与其他器件相连接，从而实现内部芯片与外部电路的连接。封装技术的好坏又直接影响到芯片自身性能的发挥和与之连接的印制电路板（PCB）的设计和制造。因此封装形式是至关重要的。

1 金属圆形集成电路引脚排列规律

将引脚朝上，从管键（凸起的定位销）开始，顺时针计数，如图 10-2 所示。

图 10-2　金属圆形集成电路引脚排列规律

2. 直插式集成电路引脚排列规律

直插式封装是引脚可直接插入印制板中，然后再焊接的一种集成电路封装形式，主要有单列式封装和双列式封装。其中，单列式封装有单列直插式封装（Single Inline Package，SIP）和单列曲插式封装（Zig-Zag Inline Package，ZIP）。单列直插式封装的集成电路只有一排引脚。单列曲插式封装的集成电路一排引脚又分成两排进行安装。

（1）单列直插式

把引脚朝下，面对型号或定位标记，自定位标记（凹坑、倒角或缺角、色点或色带等）一侧的第一只引脚开始计数，依次为 1、2、3……如图 10-3 所示。

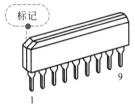

图 10-3　单列直插式集成电路引脚排列规律

（2）单列曲插式

单列曲插式集成电路的引脚也是呈一列排列的，但引脚不是直的，而是弯曲的，即相邻两根引脚弯曲方向不同。将正面对着自己，引脚朝下，一般情况下集成电路的左边是第一个引脚，如图 10-4 所示。从图中可以看出，1、3、5 单数引脚在弯曲一侧，2、4、6 双数引脚在弯曲的另一侧。

图 10-4　单列曲插式集成电路引脚排列规律

3. 双列直插式集成电路引脚排列规律

将 IC 正面的字母、代号对着自己，使定位标记（凹坑、倒角或缺角、色点或色带等）

朝左下方，则处于最左下方的引脚是第 1 脚，再按逆时针方向依次计数，如图 10-5 所示。

双列直插式封装（DIP）集成电路具有两排引脚，它适合 PCB 的穿孔安装，易于对 PCB 布线，安装方便。其结构形式主要有多层陶瓷双列直插式封装、单层陶瓷双列直插式封装及引线框架式封装等。引脚中心距 2.54mm，引脚数为 6 ～ 64，封装宽度通常为 15.2mm。塑封造价低，应用最广泛，陶瓷封装耐高温，造价较高，用于高档产品。

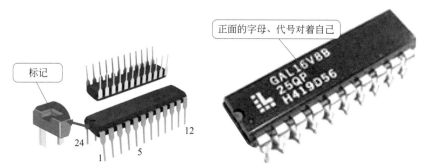

图 10-5　双列直插式集成电路引脚排列规律

4. 双列表面安装（贴片）集成电路引脚排列规律

将 IC 正面的字母、代号对着自己，使定位标记（凹坑、色点）朝左下方，则处于最左下方的引脚是第 1 脚，再按逆时针方向依次计数，如图 10-6 所示。

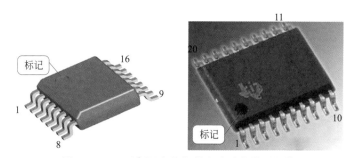

图 10-6　双列表面安装集成电路引脚排列规律

5. 扁平矩形集成电路引脚排列规律

扁平矩形集成电路从缺角处或凹点处逆时针开始依次计数，如图 10-7（a）所示。方形扁平封装（QFP），通常只有大规模或超大规模集成电路采用这种封装形式，如图 10-7（b）所示，其引脚数一般都在 100 以上。

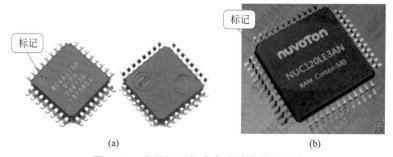

（a）　　　　　　　　　　　　　　　（b）

图 10-7　扁平矩形集成电路引脚排列规律

识读规律

集成电路的引脚排列次序有一定规律，一般是从外壳顶部向下看，从左下角按逆时针方向读数，其中第一脚附近一般有参考标志，如缺口、凹坑、斜面、色点等。引脚排列的一般规律为：

（1）缺口

在集成电路的一端有一半圆形或方形的缺口。

（2）凹坑、色点或金属片

在集成电路一角有一凹坑、色点或金属片。

（3）斜面、切角

在集成电路一角或散热片上有一斜面切角。

（4）无识别标记

若整个集成电路无任何识别标记，一般可将集成电路型号面对自己，正视型号，从左下向右逆时针依次为 1、2、3……

（5）有反向标志"R"的集成电路

某些集成电路型号末尾标有"R"字样，如 HA××××A 和 HA××××AR。若其型号后缀中有一字母 R，则表明其引脚顺序为自右向左反向排列。例如，MS115P 与 M5115PR，HAl339A 与 HAl339R，HAl366W 与 HAl366WR 等，前者其引脚排列顺序为自左向右为正向排列，后者引脚排列顺序则为自右向左反向排列。以上两种集成电路的电气性能一样。只是引脚互相相反。

10.2.2　集成电路的特点

集成电路的特点如表 10-3 所示。

表 10-3　集成电路的特点

特点	解　说
电阻	集成电路内制造大电阻所占的硅片面积大，阻值愈大所占的面积愈大。为此，常常造一个三极管构成恒流源电路作为大电阻来使用，也可以通过引脚外接大电阻
三极管	集成电路硅片上制造一个三极管极其容易，而且所占的面积也不大
二极管	集成电路内通常是制造一个三极管，利用三极管的一个 PN 结作为二极管，所以集成电路内很少见到二极管
电容	在硅片上制造大电容相当不方便也不经济 集成电路内各级电路之间全部采用直接耦合形式，如果需要大电容作为级间耦合或其他用途，需要通过引脚外接，所以一些以放大功能为主的集成电路外电路中的耦合电容比较多
电感	集成电路内部一般不制造电感，需要电感时通过引脚外接，因为制造电感十分不方便且不经济

10.2.3　集成电路的检测

集成电路常用的检测方法有在线测量法、非在线测量法（裸式测量法）。

在线测量法是通过万用表检测集成电路在路（在电路中）直流电阻，对地交、直流电压及工作电流是否正常，来判断该集成电路是否损坏的方法。这种方法是检测集成电路最常用和实用的方法。

非在线测量法是在集成电路未接入电路时，通过万用表测量集成电路各引脚对应于接地引脚之间的正、反向直流电阻值，然后与已知正常同型号集成电路各引脚之间的直流电阻值进行比较，以确定其是否正常的方法。

> **注意** 本书没有特殊标注时，一般把红表笔接地，黑表笔测量定义为正向电阻测量；把黑表笔接地，红表笔测量定义为反向电阻测量，同时选用的是指针式万用表，这也是行业中的俗定。

1. 直流电阻检测法

直流电阻检测法是一种用万用表欧姆挡直接在电路板上测量集成电路各引脚和外围元件的正、反向直流电阻值，并与正常数据进行比较，来发现和确定故障的一种方法。

使用集成电路时，总有一个引脚与印制电路板上的"地"线是连通的，在电路中该引脚称为地脚。由于集成电路内部元器件之间的连接都采用直接耦合，因此，集成电路的其他引脚与接地引脚之间都存在着确定的直流电阻。这种确定的直流电阻被称为内部等效直流电阻，简称内阻。当拿到一块新的集成电路时，可通过用万用表测量各引脚的内阻来判断其好坏，若与标准值相差过大，则说明集成电路内部损坏。由于集成电路内部有大量非线性元件（如二极管、三极管等），故在测量中单测一个阻值不能判断其好坏，必须互换表笔再测一次，以获得正、反向两个阻值。只有当内电阻正、反向阻值都符合标准，才能断定该集成电路完好。裸式集成电路正反内阻的检测如图 10-8 所示。

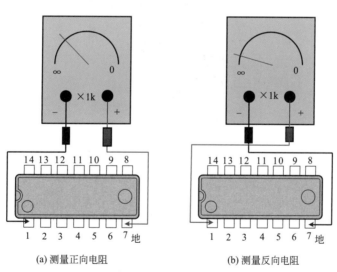

(a) 测量正向电阻　　　　　　　(b) 测量反向电阻

图 10-8　裸式集成电路正反内阻的检测

在电路中测得的集成电路某引脚与接地脚之间的直流电阻（在路电阻），实际是内电阻与外界电阻并联的总直流等效电阻。集成电路在路电阻的检测如图 10-9 所示。

有时在路所测电阻值偏离标准值，并不一定是集成电路损坏而是有关外围元件损坏，使外电阻不正常，从而造成在路电阻的异常。这时可以通过测量集成电路内部直流等效电阻来判定集成电路是否损坏。在路检测集成电路内部直流等效电阻时可不把集成电路从电路板上拆下来，只需将在路电阻异常的脚与电路断开，再测量该脚与接地脚之间的正、反向电阻值便可判断其好坏。

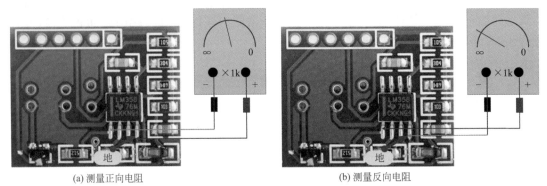

(a) 测量正向电阻   (b) 测量反向电阻

图 10-9　集成电路在路电阻的检测

2. 对地交、直流电压测量法

对地直流电压测量法是一种在通电情况下，用万用表直流电压挡对直流供电电压、外围元件的工作电压进行测量，检测集成电路各引脚对地直流电压值，并与正常值相比较，进而压缩故障范围，找出损坏元件的测量方法。对地直流电压测量法如图 10-10 所示。

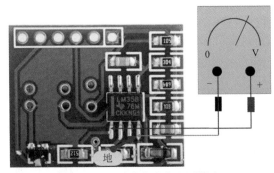

图 10-10　对地直流电压测量法

对于输出交流信号的输出端，此时不能用直流电压法来判断，要用交流电压法来判断。检测交流电压时要把万用表挡位置于"交流挡"，然后检测该脚对电路"地"的交流电压。如果电压异常，则可断开引脚连线，测接线端电压，以判断电压变化是由外围元件引起的，还是由集成电路引起的。

对于一些多引脚的集成电路，不必检测每一个引脚的电压，只要检测几个关键引脚的电压值即可大致判断故障位置。开关电源集成电路的关键是电源脚 V_{CC}、激励脉冲输出脚 V_{OUT}、电压检测输入脚、电流检测输入端 I_L。

音频放大集成电路的关键引脚是电源脚 V_{CC}、接地端 GND、输入端 IN、输出端 OUT。对于无声故障的音频功放集成电路，测其电源引脚电压正常时，可用信号干扰法来检查。检查时，可用手捏金属螺丝刀金属部分碰触音频输入端，或者将指针式万用表置于 $R \times 1\Omega$ 挡，红表笔接地，黑表笔碰触音频输入端，正常情况下扬声器会发出较强的"喀、喀"声。

在路检测集成电路关键脚电阻值和直流电压值，与正常值进行比较（正常值可从电路原理图或有关资料中查出），看是否与正常值相同。

10.3 集成稳压器

扫一扫 看视频

10.3.1　稳压集成电路的分类

1. 根据输出电压能否调整分类

集成三端稳压器的输出电压有固定和可调之分。

固定输出电压是由制造厂预先调整好的，输出为固定值。例如 LM7812 型集成三端稳压器，输出为固定 +12V。

可调式稳压器的输出电压可通过少数外接元件在较大范围内调整，仅需调节外接元件，便可获得所需的输出电压。例如：LM317 型集成三端稳压器，输出电压可以再 1.25～37V 范围内连续可调。

2. 根据输出电压的正、负分类

根据输出电压的正、负分，主要有两类：正电压输出和负电压输出。例如：78×× 是正电压输出；79×× 是负电压输出。

3. 根据输出电流分类

三端集成稳压器的输出电流有大、中、小之分，并分别用不同符号表示。在输出小电流时，代号为"L"，在输出中电流时，代号为"M"，在输出大电流时，代号为"S"。

4. 根据内部工作原理分类

根据稳压器内部工作原理分，有线性稳压器和开关集成稳压器两类。

10.3.2　78、79 系列三端固定稳压器简介

1. 78、79 系列三端固定稳压器的特点

78、79 系列三端固定稳压器的特点如表 10-4 所示。

表 10-4　78、79 系列三端固定稳压器的特点

项目	特　点
78 系列（输出正电压）	输出正电压系列（78××）的集成稳压器其电压共分为 5～24V 七个档。例如：7805、7806、7808、7809、7812、7815、7818、7824 等，其中字头"78"表示输出电压为正值，后面数字表示输出电压的稳压值。输出电流为 1.5A（带散热器）
79 系列（输出负电压）	输出负电压系列（79××）的集成稳压器其电压分为 -5～-24V 七个档。其中字头"79"表示输出电压为负值，后面数字表示输出电压的稳压值。输出电流为 1.5A（带散热器）
电流	在输出小电流时，代号为"L"。例如，78××，最大输出电流为 0.1A 在输出中电流时，代号为"M"。例如，78M××，最大输出电流为 0.5A 在输出大电流时，代号为"S"。例如，78S××，最大输出电流为 2A

2. 78、79 系列引脚功能及符号

78、79 系列引脚功能及符号如图 10-11 所示。

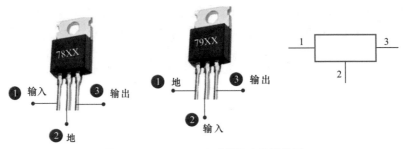

图 10-11　78、79 系列引脚功能及符号

3. 78、79 系列封装形式

78、79 系列封装形式如图 10-12 所示。

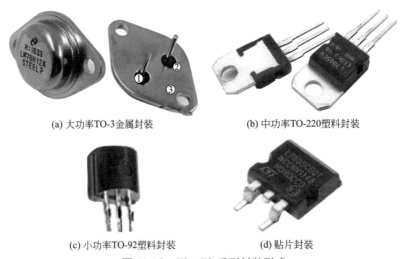

(a) 大功率TO-3金属封装　　　　　　　(b) 中功率TO-220塑料封装

(c) 小功率TO-92塑料封装　　　　　　(d) 贴片封装

图 10-12　78、79 系列封装形式

10.3.3　78、79 系列电路基本接法

1. 78×× 基本电路的接法

78×× 基本电路的接法如图 10-13 所示。外接电容 C_1 用来抵消输入端线路较长而产生的电感效应，可防止电路自激振荡。外接电容 C_2 可消除因负载电流跃变而引起输出电压的较大波动。

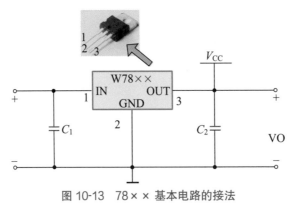

图 10-13　78×× 基本电路的接法

2. 79×× 基本电路的接法

79×× 基本电路的接法如图 10-14 所示。

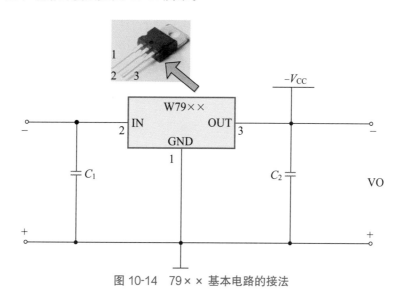

图 10-14 79×× 基本电路的接法

10.3.4 稳压集成电路的主要技术参数

稳压集成电路的主要技术参数如表 10-5 所示。

表 10-5 稳压集成电路的主要技术参数

技术指标	解　　说
输出电压 U_o	输出电压是指集成稳压器正常工作时的输出电压值。对于固定输出稳压器，它是常数；对于可调式输出稳压器，它是输出电压范围
输出电压偏差	对于固定输出稳压器，实际输出的电压值和规定的输出电压之间往往有一定的偏差。这个偏差值一般用百分比表示，也可以用电压值表示
最大输出电流 I_{omax}	最大输出电流指保证稳压器能够正常工作时所允许输出的最大电流。I_o 的大小往往与散热条件有关，散热条件好，I_o 可大些，但超不过 I_{omax}。所以，集成稳压器使用时应加装散热片
最小输入电压 U_{Imin}	输入电压值在低于最小输入电压值时，稳压器将不能正常工作
最大输入电压 U_{Imax}	最大输入电压是指稳压器安全工作时允许外加的最大电压值
最小输入、输出电压差值（$U_I - U_O$）	最小输入、输出电压差值是指稳压器能够正常工作时的输入电压 U_I 与输出电压 U_O 的最小电压差值。一般 $U_I - U_O$ 最小应为 2～3V，如果此值太小，稳压器内部的调整管将进入饱和区，使得稳压器不能正常工作
电压调整率 K_v	当输入电压 U_I 变化 ±10% 时输出电压相对变化量 $\Delta U_O/U_O$ 的百分数称为电压调整率 K_v。此值越小，稳压性能越好。电压调整率能达到 0.1%～0.2%。（电压调整率是稳压系数 S_r 当 $\Delta U_I/U_I = \pm 10\%$ 的特例）
输出电阻 R_o	输出电阻是指在输入电压变化量 ΔU_I 为 0 时，输出电压变化量 ΔU_o 与输出电流变化量 ΔI_o 的比值。它反映负载变化时的稳压性能，即稳压器带负载能力。R_o 越小，即 ΔU_O 越小，稳压性能越好，带负载能力越强

10.3.5　78、79 系列三端稳压器的代换

国产 78/79 系列市电稳压器用字母 CW 或 W 表示，如 CW7812L、W7812L 等。C 是英文 China（中国）的缩写，W 是稳压器中"稳"字的第一个汉语拼音字母。进口 78/79 三端稳压器用字母 AN、LM、TA、MC、RC、KA、NJM、μPC 等表示，如 TA7812、AN7805 等。不同厂家的 78/79 系列三端稳压器，只要其输出电压和输出电流参数相同，就可以直接代换。

10.3.6　三端可调稳压器

三端可调稳压器是一种输出电压连续可调的集成稳压器，这种稳压器的特点是稳定度高，适应性强，使用方便等。三端可调稳压器也有输出正电压和输出负电压两种。

常见的产品有 ××117/××217/××317、××137/××237/××337。××117/××217/××317 系列稳压器可输出连续可调的正电压；××137/××237/××337 系列可输出连续可调的负电压。可调范围为 1.25V～37V，最大输出电流可达 1.5A。典型产品有 LM317/LM337 等。

××117/××217/××317 和 ××137/××237/××337 两种系列可调稳压器外形封装一样，区别在于输出电压一个是正压，一个是负压。

三端可调稳压器的引脚功能如图 10-15 所示。

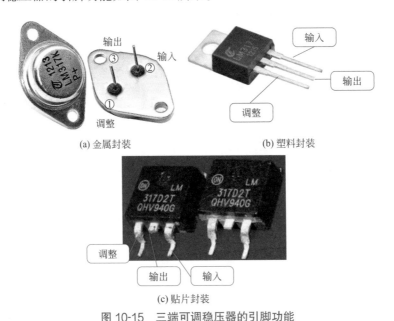

(a) 金属封装　　　　　　　　　(b) 塑料封装

(c) 贴片封装

图 10-15　三端可调稳压器的引脚功能

10.3.7　三端可调稳压器电路基本接法

三端可调稳压器电路基本接法如图 10-16（a）所示，C_1 和 C_0 的作用与在三端固定式稳压器电路中的作用相同。外接电阻 R_1 和 W 构成电压调整电路，电容 C_2 用于减小输出纹波电压。为保证稳压器空载时也能正常工作，要求 R_1 上的电流不小于 5mA，故取

$$R_1 = \frac{U_{REF}}{I_{R_1}} = \frac{1.25}{5} = 0.25(\text{k}\Omega)$$

实际应用中，R_1 取标称值 240Ω。忽略调整端（ADJ）的输出电流 I_A，则 R_1 与 W 是串联关系，因此改变 W 的大小即可调整输出电压 U_O。

当将 CW117 的调整端直接接地时，即可获得 1.25V 的固定低压稳压输出。如图 10-16（b）所示为固定输出低压应用电路。

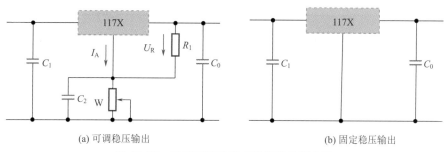

(a) 可调稳压输出　　　　　　　　　　　(b) 固定稳压输出

图 10-16　三端可调输出式稳压器应用电路

10.3.8　三端集成稳压器的检测及注意事项

1. 固定三端集成稳压器的检测

78 系列三端集成稳压器非在线测量时各脚电阻值如表 10-6 所示；79 系列三端集成稳压器非在线测量时各脚电阻值如表 10-7 所示。

表 10-6　78 系列三端集成稳压器非在线测量时各脚电阻值

红表笔所接引脚	黑表笔所接引脚	正常电阻值 /kΩ
电压输出端（V_o）	接地端（GND）	2.3 ～ 6.9
电压输入端（V_i）	接地端（GND）	4.0 ～ 6.2
电压输入端（V_i）	电压输出端（V_o）	4.5 ～ 5.5
接地端（GND）	电压输出端（V_o）	2.5 ～ 15.0
接地端（GND）	电压输入端（V_i）	23.0 ～ 45.5
电压输出端（V_o）	电压输入端（V_i）	27.5 ～ 50.5

表 10-7　79 系列三端集成稳压器非在线正常时各脚电阻值

红表笔所接引脚	黑表笔所接引脚	正常电阻值 /kΩ
电压输出端（V_o）	接地端（GND）	2.3 ～ 4
电压输入端（V_i）	接地端（GND）	14 ～ 16.2
电压输入端（V_i）	电压输出端（V_o）	16.5 ～ 23
接地端（GND）	电压输出端（V_o）	2.5 ～ 4.5
接地端（GND）	电压输入端（V_i）	4 ～ 5.5
电压输出端（V_o）	电压输入端（V_i）	4 ～ 5.5

2. 可调三端集成稳压器的检测

表 10-8 是用 500 型万用表 $R×1k$ 挡位测的可调三端集成稳压器典型产品 LM317、LM350、LM338 各脚间的电阻值，供测试时比较对照。

表 10-8 LM317、LM350、LM338 各脚间的电阻值

表笔位置		正常电阻值 /kΩ		
黑表笔	红表笔	LM317	LM350	LM338
V_i	ADJ	150	75～00	140
V_o	ADJ	28	25～28	30
ADJ	V_i	24	7～30	28
ADJ	V_o	500	几十至几百	约 1000
V_i	V_o	7	7.5	7.2
V_o	V_i	4	3.5～4.5	4

3. 三端集成稳压器使用注意事项

① 要防止产生自激振荡。三端集成稳压器内部电路放大级数多，开环增益高，工作于闭环深度负反馈状态，若不采取适当补偿移相措施，则在分布电容的作用下，电路可能产生高频寄生振荡，从而影响稳压器的正常工作。图 10-13 中的 C_1、C_2 就是为防止自激振荡而必须加的防振电容。

② 稳压器接地端不得开路。

③ 防止输入端对地短路，防止输入端滤波电容断路。

④ 防止输出端与其他高电压电路连接。

⑤ 三端集成稳压器是一个功率器件，它的最大功耗取决于内部调整管的最大结温。因此，要保证集成稳压器能够在额定输出电流下正常工作，就必须为其采取适当的散热措施。稳压器的散热能力越强，它所承受的功率也就越大。

10.3.9 低压差线性稳压器

低压差（Low Dropout Regulator，LDO）稳压模块，常见的有 1117 系列、1084 系列等。

1. 1117 稳压器

线性稳压器是通过输出电压反馈，经误差放大器等组成的控制电路来控制调整管的管压降（即压差）来达到稳压目的的，如图 10-17（a）所示。其特点是 V_{IN} 电压必须大于 V_{OUT}。

可控线性稳压器设有输出控制端，也就是说，这种稳压器输出电压受控制端的控制。EN（有时也用符号 SHDN 表示）为使能端输出控制，一般用 CPU 加低电平或高电平使 LDO 关闭或工作，如图 10-17（b）所示。

1117 有两个版本：固定输出版本和可调版本。固定输出电压为 1.5V、1.8V、2.5V、2.85V、3.0V、3.3V、5.0V。最大输出电流为 1A。

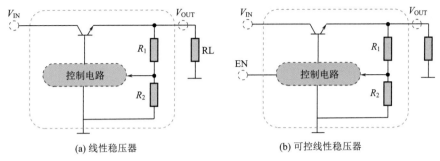

图 10-17　1117 稳压器系列工作原理

1117 稳压器封装和外形如图 10-18 所示。

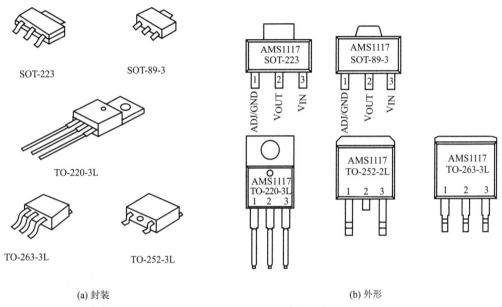

图 10-18　1117 稳压器封装和外形

1117 稳压器典型应用电路如图 10-19 所示。

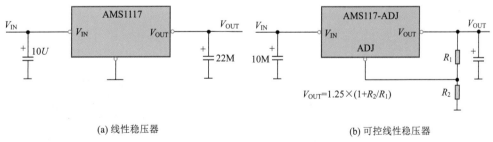

图 10-19　1117 稳压器典型应用电路

2. 1084 稳压器

1084 系列稳压器与 1117 稳压器工作原理基本相同，只是其体积比后者大，最大输出电流为 5A，其引脚功能与 1117 系列相同。

10.3.10 开关型 DC/DC 变换器

开关型 DC/DC 变换器主要有电容式和电感式。这两种 DC/DC 变换器的工作原理基本相同，都是先存储能量，再以受控的方式释放能量，从而得到所需的输出电压。不同的是，电感式 DC/DC 变换器采用的是电感存储能量，而电容式 DC/DC 变换器采用的是电容存储能量。电容式 DC/DC 变换器的输出电流较小，带负载能力较差。

LM2596 系列开关电压调节器是降压型电源管理芯片，能够输出 3A 的驱动电流。固定版本有 3.3V、5V、12V；还有一个输出可调版本，可调范围在 1.2～37V。

LM2596 固定式 DC/DC 变换器原理图如图 10-20 所示。

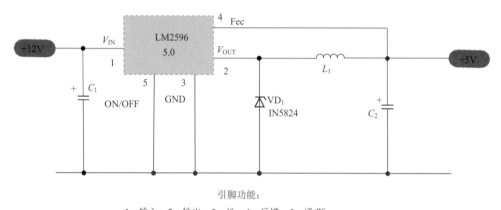

引脚功能：

1—输入；2—输出；3—地；4—反馈；5—通/断

图 10-20 LM2596 固定式 DC/DC 变换器原理图

LM2596 封装及外形如图 10-21 所示。

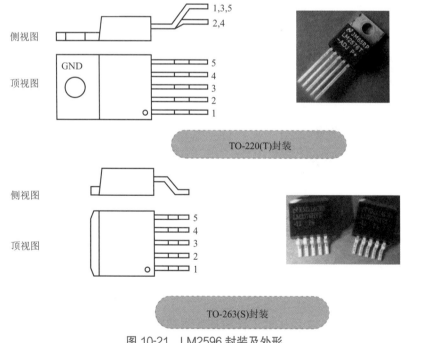

图 10-21 LM2596 封装及外形

10.4 集成运算放大器

10.4.1 集成运算放大器的分类

集成运算放大器也叫运放集合电路，简称运放，是一种具有高放大倍数的直接耦合、高输入电阻和低输出电阻的多级直接耦合放大电路。集成运放工作在放大区时，输入和输出呈线性关系，所以又叫线性集成电路。

双运放（或四运放）的内部包含两组（或四组）形式完全相同的运算放大器，除电源公用外，两组（或四组）运放各自独立。常见集成运算放大器的分类如图 10-22 所示。

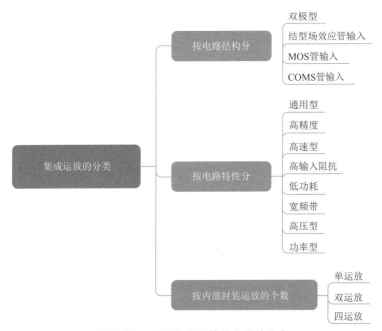

图 10-22　常见集成运算放大器的分类

10.4.2 运放集成电路的外形结构和引脚功能

运放集成电路的外形结构如图 10-23 所示。

图 10-23　运放集成电路的外形结构

集成运放有两个输入端：一个称为同相输入端，在符号图中标以"+"号；另一个称为反相输入端，在符号图中标以"－"号。有一个输出端，在符号图中标以"+"号。运放集成电路的图形符号如图 10-24 所示。若将反相输入端接地，将输入信号加到同相输入端，则输出信号与输入信号极性相同；若将同相输入端接地，而将输入信号加到反相输入端，则输出信号与输入信号极性相反。实际集成运放的引脚除输入、输出端外，还有正、负电源端、调零端等，为方便学习而在符号图中并没有画出。

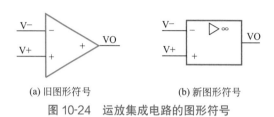

(a) 旧图形符号　　　　　　　(b) 新图形符号

图 10-24　运放集成电路的图形符号

常用的运放有 LM339、LM324、LM393 等。

（1）LM339 外形结构和引脚功能图

LM339 外形结构和引脚功能图如图 10-25 所示。

(a) 直插式　　　　　　　(b) 贴片式　　　　　　　(c) 引脚功能

图 10-25　LM339 外形结构和引脚功能图

（2）LM324 外形结构和引脚功能图

LM324 外形结构和引脚功能图如图 10-26 所示。

(a) 直插式　　　　　　　(b) 贴片式　　　　　　　(c) 引脚功能

图 10-26　LM324 外形结构和引脚功能图

（3）LM393外形结构和引脚功能图

LM393外形结构和引脚功能图如图10-27所示。

(a) 直插式　　　　　　　　　　(b) 贴片式　　　　　　　　　　(c) 引脚功能

图 10-27　LM393外形结构和引脚功能图

10.4.3　运放集成电路的工作原理

1. 运放工作在线性区

当运放工作在线性区（引入负反馈）时，根据输入信号情况可工作于反向放大状态与同向放大状态，即输出与输入的信号相位相反为反向放大器；输出与输入的信号相位相同为同向放大器。运放工作在线性区工作原理如图10-28所示。

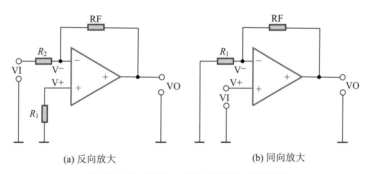

(a) 反向放大　　　　　　　　　　(b) 同向放大

图 10-28　运放工作在线性区工作原理

（1）反相放大器

输入信号 u_i 从运算放大器的反相输入端加入，就构成了反相放大器，电路如图10-29所示。由于输出电压与输入电压反相，故得此名。输入信号经电阻 R_2 送到反相输入端，同相输入端经电阻 R_1 接地。R_3 为反馈电阻，构成电压并联负反馈组态。图中，电阻 R_1 称为直流平衡电阻，以消除静态时集成运放内输入级基极电流对输出电压产生的影响，进行平衡，取值为 $R_1=R_2 /\!/ R_3$，使运放输入级的差分放大电路对称，有利于抑制零漂。

由理论计算可知：

$$u_o = -\frac{R_f}{R_2} u_i$$

即输出电压与输入电压相位相反，且成比例关系。

图10-29（a）中输入端接入交流信号 $10V_P$，输出端接入双踪示波器，示波器显示波形如图10-29（b）所示，其中A通道为输入信号，B通道为输出信号。

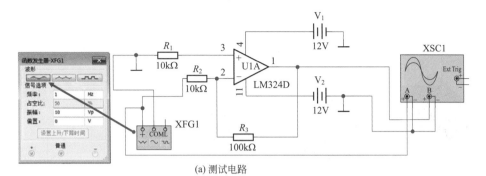

(a) 测试电路

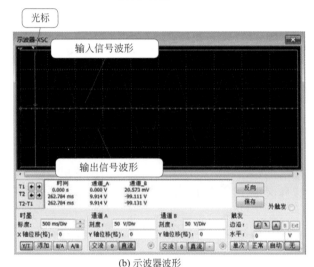

(b) 示波器波形

图 10-29 反相放大器仿真

（2）同相放大器

输入信号 u_i 从运算放大器同相输入端加入，就构成同相放大器，电路如图 10-30 所示。输入电压 u_i 通过输入电阻 R_2 接到同相输入端，在输出端与反相输入端之间接有反馈电阻 R_f 与 R_1，为使输入端保持平衡，$R_2 = R_1 \mathbin{/\mkern-5mu/} R_f$。

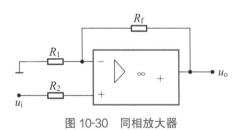

图 10-30 同相放大器

由理论计算可知：

$$u_o = \left(1 + \frac{R_f}{R_1}\right) u_i$$

即电路的输出电压与输入电压相位相同，且成比例关系。

2. 运放工作在非线性区

当运放工作在非线性区（开环状态或正反馈）时，就是一个很好的电压比较器（比较两个电压的大小）。此时，运放的输出有以下可能：当（$u+$）-（$u-$）> 0，即 $u+ > u-$ 时，比较器输出为正向饱和值，称之为高电平；当（$u+$）-（$u-$）< 0，即 $u+ < u-$ 时，比较器输出为负向饱和值，称之为低电平；当（$u+$）-（$u-$）=0，即 $u+=u-$ 时，比较器输出在此瞬间翻转。运放工作在非线性区工作原理如图 10-31 所示。

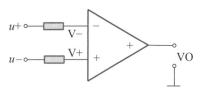

图 10-31　运放工作在非线性区工作原理

3. 单限比较器

集成运放处于开环或正反馈状态或电路外接有非线性元件时，就构成单限比较器，此时运放的传输特性呈非线性。单限比较器又称为电平检测器，可用于检测输入信号电压是否大于或小于某一特定参考电压值。根据输入方式，可分为反相输入式、同相输入式和求和型三种。图 10-32 中分别是反相输入式和同相输入式单限电压比较器。

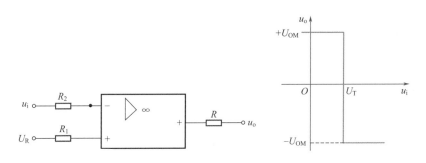

(a) 反相输入单限电压比较器及电压传输特性

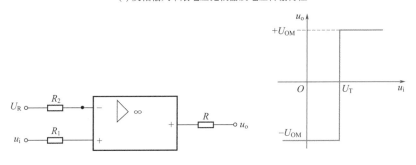

(b) 同相输入单限电压比较器及电压传输特性

图 10-32　单限比较器

由图 10-32 可以看出，对于反相输入单限比较器，当输入信号电压 $u_i > U_T$ 时，输出电压 u_o 为 $-U_{OM}$；当输入信号电压 $u_i < U_T$ 时，输出电压 u_o 为 $+U_{OM}$。如图 10-32（a）所示。

对于同相输入单限比较器，当输入信号电压 $u_i > U_T$ 时，输出电压 u_o 为 $+U_{OM}$；当输入信号电压 $u_i < U_T$ 时，输出电压 u_o 为 $-U_{OM}$。如图 10-32（b）所示。

对于图 10-32，门限电压 $U_T=U_R$，其值可以为正，也可以为负。从以上讨论可知，只要改变参考电压 U_R 的极性和大小，就可以改变门限电压 U_T。

10.4.4 集成运算放大器的参数

运放集成电路的主要技术参数如表 10-9 所示。

表 10-9　运放集成电路的主要技术参数

主要技术参数	解　说
开环差模电压放大倍数 A_{VO}	没有引入反馈时的集成运放的放大倍数，称为开环差模电压放大倍数
输入失调电压 V_{IO}	集成运放输入级的差动放大电路不可能完全对称，导致输入电压为零时，输出电压不为零，称运放失调。要使输出电压为零，必须要在输入端加补偿电压，这个电压的数值反映了运放的失调程度，称为输入失调电压。这个数值越小，输入级对称性越好
输入失调电流 I_{IO}	由于工艺上的误差，输入信号为零时，运放两输入端的基极静态电流不相等，其差值称为输入失调电流，这个数值越小，输入级输入电流的对称性越好
共模抑制比 K_{CMR}	电路开环状态下，差模放大倍数 A_{vd} 与共模放大倍数 A_{vc} 之比

此外还有输出峰 - 峰电压、温度漂移、转换速率等参数。

10.4.5 运放集成电路的选用

① 如果没有特殊的要求，一般可选用通用型运放，因为这类器件直流性能较好，种类也较多，且价格也较低。在通用型运放系列中，又有单运放、双运放、四运放等多种，对于多运放器件，其最大特点是内部对称性好，因此在电路中需使用多个放大器（如有源滤波器）或要求放大器对称性好（如测量放大器）时，可选用多运放，这样还可减少器件、简化线路、缩小面积和降低成本。

② 如果被放大信号源的输出阻抗很大，则可选用高输入阻抗的运放组成放大电路，另外像采样/保持电路、峰值检波、优质对数放大器和积分器以及生物信号放大、提取、测量放大器电路等也需要使用高输入阻抗集成运放。

③ 如果系统对放大电路要求低噪声、低漂移、高精度，则可选用高精度、低漂移的低噪声集成运放，这种运放还适用于毫伏级或更微弱信号检测、精密模拟运算、高精度稳压器、高增益直流放大、自控仪表等场合。

④ 在视频信号放大、高速采样/保持、高频振荡及波形发生器、锁相环等场合，则应选用高速宽带集成运放。

⑤ 对于要求低功耗的场合，如便携式仪表、遥感遥测等场合，可选用低功耗运放；对于需要高压输入/输出的场合，可选用高压运放；对于需增益控制场合，可选用程控运放；其他如宽范围电压振荡、伺服放大驱动、DC-DC 变换等场合，可选用跨导型、电流型等相应的集成运放。

10.5
集成功率放大器

扫一扫 看视频

10.5.1 集成音频功率放大器的分类、特点

集成音频功率放大器简称集成功放。集成功放的作用是将前级电路送来的微弱电信号

进行功率放大，产生足够大的电流推动扬声器完成电声转换。集成功放具有失真度小、效率高、功能齐全、有变化功能、外接元件少、易于安装使用等特点，其输出功率为几百毫瓦到上百瓦不等。集成功放在音频设备、电视机、报警器及自动控制设备中得到了广泛的应用。

常见集成功放的分类如图 10-33 所示。

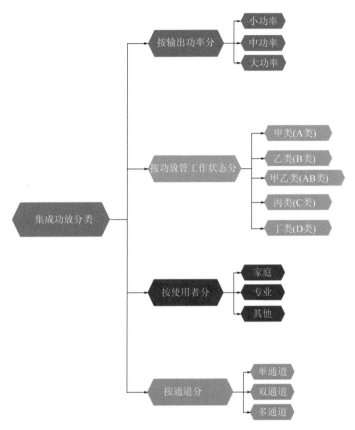

图 10-33 常见集成功放的分类

甲类集成功放失真小，但效率低，约为 50%，功率损耗大，一般应用在家庭高档机中。乙类集成功放效率较高，约为 78%，但缺点是容易产生交越失真。甲乙类集成功放，兼有甲类放大器音质好和乙类放大效率高的优点，被广泛应用于家庭、专业、汽车音响系统中。丙类集成功放较少，因为它是一种失真非常高的功放，只适合在通信中使用。丁类音频功率放大器又叫数码功放，优点是效率最高，供电器可以缩小，几乎不产生热量，因此无需大型散热器，机身体积与重量显著减少，理论上失真低、线性佳，但这种功放工作复杂，售价也不便宜。

10.5.2 单通道集成功放

1. 集成式单通道 LA4140 功放电路应用

单通道集成功放只有一个放大通道。LA4140 集成电路的引脚功能及数据如表 10-10 所示。

表 10-10　LA4140 集成电路的引脚功能及数据

脚号	主要功能	工作电压 /V	开路电阻 /kΩ	
			红笔测量	黑笔测量
1	防振电容连接端	0.8	6.3	7.7
2	信号输入端	4.4	40	8.2
3	输入反馈端	5.2	27	8.6
4	防振电容连接端	5.2	5.6	28
5	地	0	0	0
6	音频信号输出端	5.5	5.2	35
7	电源电压输入端	10	5.3	80
8	自举端	10	5.5	80
9	电源滤波	5	35	110

LA4140 集成电路原理图如图 10-34 所示。

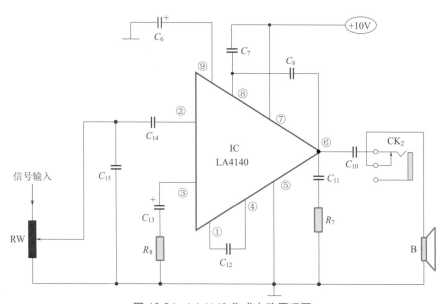

图 10-34　LA4140 集成电路原理图

LA4140 集成电路封装如图 10-35 所示。

图 10-35　LA4140 集成电路封装

2. 常用单通道功放型号及主要参数

常用单通道功放型号及主要参数如表 10-11 所示。

表 10-11　常用单通道功放型号及主要参数

型号	输出功率 P_o/W	工作电压 V_{CC}/V	最高电压 V_{max}/V	最大失真度	功率频响 /Hz	输入阻抗 R_i/kΩ	输出阻抗 R_1/Ω	引脚数
AN5206	6.6	24	26.4	0.6%	$20 \sim 20 \times 10^3$	—	—	11
AN7110	1.2	9	18	0.5%	—	25	8	9
AN7114	1		11			20	8	14
AN7115	2.1		13					
AN7130	4.2	13.2	18	0.4%		25	4	9
AN7131	5		20	0.3%				
AN7140	5		20	0.15%		30		
BA516	0.7	6	9	1.8%	$20 \sim 20 \times 10^3$	25		
BA521	5.8	13.2	18	0.6%				10
BA526	0.7	6	9	1.8%		47		9
BA527	0.7	6	9	1.8%				
BA532	5.8	13.2	18	0.3%		180		10
BA546	0.7	6	9	1.8%		47		9
CD4100	1	$3 \sim 9$	—	0.5%	—	20	—	14
CD4112	4.6	$3 \sim 12$	13	2%	$50 \sim 25 \times 10^3$		$3.2 \sim 8$	
CD4140	0.5	$3.5 \sim 14$	14	1%	$20 \sim 20 \times 10^3$	15	8	
LA4030P	1	11	16	0.5%	100	8	8	8
LA4031P	2	13.2	18				4	
LA4132P	3	18	25				8	
LA4100	1	6	9					
LA4101	1.5	7.5	11				4（8）	14
LA4102	2.1	9	13			20		
LA4110	1	6	11	1.5%			4	
LA4112	2.7	9	11	2.0%	—		$3.2 \sim 8$	
LA4140	0.5	6	14	0.3%		15	8	9
LA4420	5.5	13.2	18	0.3%		20	4	10
LA4422	5.8	13.2	18	0.7%		30	4	

续表

型号	输出功率 P_o/W	工作电压 V_{CC}/V	最高电压 V_{max}/V	最大失真度	功率频响 /Hz	输入阻抗 R_i/kΩ	输出阻抗 R_1/Ω	引脚数
SL34	0.3	12	7.5	—	17×10^3	≥6	8	
SL404A	3	最大 30	15	2%	20×10^3	50	4	14
SL404B	6		30	1.5%			8	
SL404C	12						4	
TA7204P	3.8	12.5	18	1.5%	—	70	4	10
TA7205AP	5			0.25%		40		
TA7207P	0.95	6	10	1.0%		30		
TA7208P	2	9		0.35%		30		
TA7212P	3.8	9	14	0.5%		14	8	14
TA7313P	0.5	6		0.3%		15		9
TA7331P	0.2	3	6	1.0%		—	4	9
TBA800	5	24	30	0.5%	$20\sim20\times10^3$	5	16	12
TBA810SH	6	14.4	20	0.3%	$50\sim10\times10^3$	5	16	12
TBA810AS							4	
TDA2008	12	$10\sim28$	28	0.15%	$40\sim15\times10^3$	150	$3.2\sim8$	5
TDA2020	25	±22	±22	0.3%	$10\sim160\times10^3$	5000		15
TDA2030	20	±14	±18	05	$10\sim140\times10^3$		$4\sim8$	5
TDA2030A		±22	±22					
TDA2040	25	±20	±20	0.08%	$40\sim15\times10^3$		$4\sim8$	
TDA2040A								
TDA7240	20	$6\sim18$	28	1.0%	$22\sim22\times10^3$	—	$4\sim8$	
μPC575C2	2	13.2	17	0.5%	—		$4\sim8$	7
μPC1241H	12	$8\sim18$	25	1.0%	$20\sim20\times10^3$	—	8	8
μPC1242H							2/4	8
LM386N	1	$5\sim18$	22	0.2%	$20\sim100\times10^3$	50	8	8
LM2895	4	$3\sim15$	18	0.15%	$20\sim20\times10^3$	150	4	14

10.5.3 双通道集成功放

1. 集成式双通道 D2025 功放电路应用

集成式双通道 D2025 功放电路应用如图 10-36 所示。

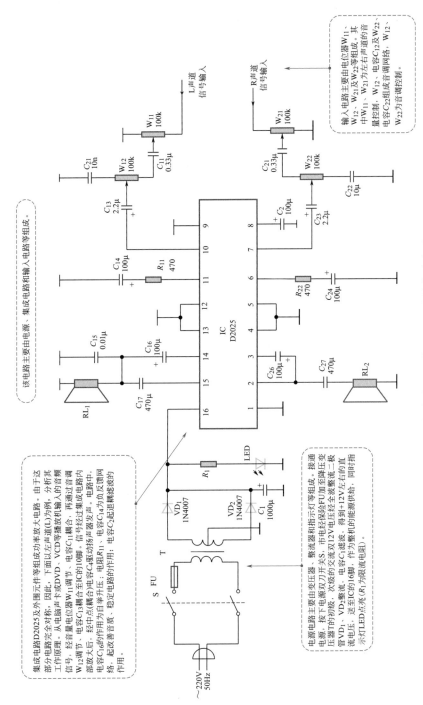

图 10-36 集成式双通道 D2025 功放电路应用

输入电路主要由电位器 W_{11}～W_{12}、W_{21} 及 W_{22} 等组成。其中 W_{11}、W_{21} 为左右声道的音量控制；W_{12}、电容 C_{12} 及 W_{22} 电容 C_{22} 组成音调网络，W_{12}、W_{22} 为音调控制。

该电路主要由电源、集成电路和输入电路等组成。

集成电路 D2025 及外围元件等组成功率放大电路，由于这部分电路完全对称，因此，分析其工作原理。从电脑声卡或 DVD、VCD 等播放机输入的音频信号，经音量电位器 W_{11} 调节，下面以左声道（L）为例，电容 C_{11} 耦合，再通过音调 W_{12} 调节，经中点耦合电容 C_{13} 耦合至 IC 的 10 脚，信号经过集成电路内部放大后，电容 C_{16} 的作用为自举升压；电阻 R_{11}、电容 C_{14} 为负反馈网络，起改善音质、稳定音调的作用；电容 C_2 起退耦滤波的作用。

电源电路主要由变压器、整流器和指示灯等组成。接通电源，按下电源双刀开关 S，市电经保险 FU 加至降压变压器 T 的初级，次级的交流双 12V 电压经全波整流二极管 VD_1、VD_2 整流，电容 C_1 滤波，得到约 +12V 左右的直流电压，送至 IC 的 16 脚，作为整机的能源供给，同时指示灯 LED 点亮（R_1 为限流电阻）。

集成电路 D2025 各脚功能及电压如表 10-12 所示。

表 10-12 集成电路 D2025 各脚功能及电压

脚号	电压 /V	功能	脚号	电压 /V	功能
1	0	BTL 输出	9	0	地
2	6.3	输出 1（R）	10	0.1	同相输入 2
3	12.4	自举 1	11	0.6	反馈 2
4	0	地	12	0	地
5	0	地	13	0	地
6	0.6	反馈 1	14	12.4	自举 2
7	0.1	同相输入 1	15	6.3	输出 1（L）
8	11.3	纹波抑制	16	12.5	供电端（V_{CC}）

2. 常用双通道功放型号及主要参数

双声道集成功放可以提供两路音频功率，在立体音响设备中应用广泛。常用双通道功放型号及主要参数如表 10-13 所示。

表 10-13 常用双通道功放型号及主要参数

型号	输出功率 P_o/W	工作电压 V_{CC}/V	最高电压 V_{max}/V	最大失真度	功率频响 /Hz	输入阻抗 R_i/kΩ	输出阻抗 R_L/Ω	引脚数
AN7145L	1	6		0.6%				
AN7145M	2.4	9		0.3%				
AN7145H	4	16	20	0.2%	—	—		18
AN7146M	2	9		0.3%				
AN7146H	4	16		0.15%				
AN7160	18	5～16	24	0.2%	15～30×10³	—	4	12
AN7161	23	6～26	26	0.15%				
AN7188NK	22	12	12	0.1%	—	30	2/4	14
BA5406	20	5～15	20	1.5%	20～20×10³	100	3.2～4	12
CD2009	20	8～28	28	0.1%		200	2～4	15
CD2822	1.4	1.8～15	15	0.3%	20～22×10³	100	8	8
CD7232	12.5	3.5～12	16	1.0%	50～20×10³	20	4	
CD7240	25	9～18	45	0.25%		33	4/8	12
CD7273	25	18～37	37	0.2%	20～20×10³	30	8	
CD7767	0.75	0.9～3	3	4.5%		50	32	16

型号	输出功率 P_o/W	工作电压 V_{cc}/V	最高电压 V_{max}/V	最大失真度	功率频响/Hz	输入阻抗 R_i/kΩ	输出阻抗 R_t/Ω	引脚数
LA4120	1	6	11	0.3%	—	30	4	20
LA4125	2.4	9	13	0.3%	—	30	4	20
LA4126	2.4	9	13	0.3%	—	30	4	20
LA4180	1	6	9	—	—	—	2~8	12
LA4182	2.3	9	11	—	—	—	4~8	12
LA4190	1	6	9	0.5%	—	30	2~8	12
LA4192	2.3	9	11	0.5%	—	30	4~8	12
LA4265	3.5	9~24	25	1.0%	$20 \sim 20 \times 10^3$	20	8	10
LA4505	8.5	6~24	24	1.5%	$20 \sim 20 \times 10^3$	30	3	20
LM2896	2.5~9	3~15	18	0.11%	$20 \sim 20 \times 10^3$	100	4	11
HA1377	5.8	13.2	20	0.15%	—	15		12
HA1392	4.3	12	18	0.25%	—	30		12
TA7229P	5	12	18	0.4%	—	40		20
TA7232P	2.2	9	16	0.2%	—	20		12
TA7236BP	4.4	12	12	0.4%	—	—		20
TA7237AP	17	8~18	18	1.5%	$20 \sim 20 \times 10^3$	35		
TA7240P	5.8	13.2	25	0.7%	—	33		
TA7269P	4.5	6~15	20	0.8%	$20 \sim 20 \times 10^3$	30	5	12
TA7270P	5.8/19	9~18	25	0.25%	$20 \sim 20 \times 10^3$	33	4	12
TA7271P	5.8/19	9~18	25	0.25%	$20 \sim 20 \times 10^3$	33	4	12
TA7283P	4.6	6~15	16	1.0%	$20 \sim 20 \times 10^3$	30	4	12
TA7299AP	5.8	9~18	25	0.3%	$20 \sim 20 \times 10^3$	33	4	12
TDA2009	10	8~28	28	0.1%	$22 \sim 22 \times 10^3$	200	4/8	11
TDA2822	1.4	3~15	15	1.0%	$22 \sim 22 \times 10^3$	100	4/8	13
TEA2024	3.5/10	6~18	20	1.5%	$15 \sim 40 \times 10^3$	—	4	10
TEA2025	2.5/5	3~12	15	1.5%	$22 \sim 22 \times 10^3$	30	4	16
TA7214P	4.8	13.2	18	0.2%	—	40	4	20
TA7215P	2.2	9	16	0.4%	—	15	4	20
TA7263P	17	9~18	25	0.3%	$22 \sim 22 \times 10^3$	33		12
TA7264P	5.8	9~18	25	0.3%	$22 \sim 22 \times 10^3$	33		12
μPC1288V	7/21	6~20		1.0%		30	3.2~8	14

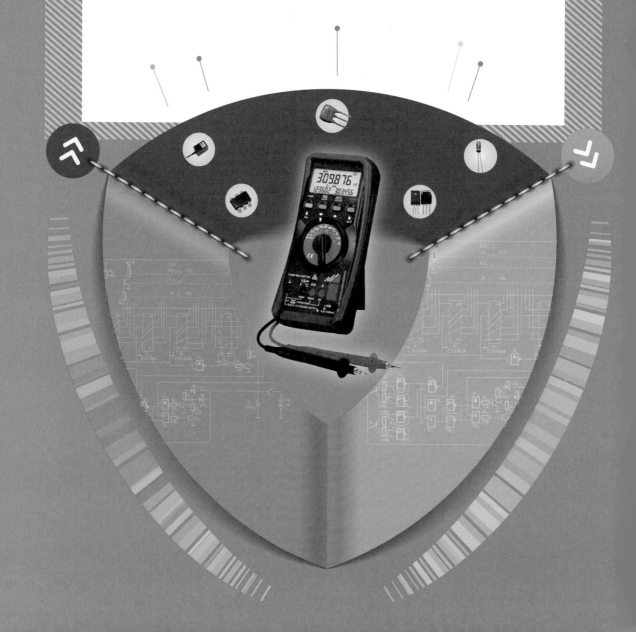

第 11 章
发光二极管显示器

11.1 发光二极管

扫一扫 看视频

11.1.1 发光二极管的结构及图形符号

发光二极管（LED）通常用引脚长短来标识正、负极，长脚为正极，短脚为负极，如图 11-1（a）所示。仔细观察发光二极管，可以发现内部的两个电极一大一小：一般电极较小、个头较矮的是发光二极管的正极，电极较大的是负极，负极一边带缺口，如图 11-1（b）所示。LED 的图形符号如图 11-1（c）所示，在电路原理图中一般用 V、VT、VD 或 LED 表示。

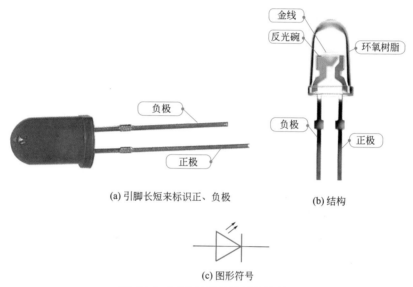

(a) 引脚长短来标识正、负极

(b) 结构

(c) 图形符号

图 11-1　LED 的结构及图形符号

11.1.2 发光二极管的分类

1. 按使用材料分类

LED 按使用材料可分为磷化镓 LED、磷砷化镓 LED、砷化镓 LED、磷铟砷化镓 LED 和砷铝化镓 LED 等多种。

2. 按封装分类

LED 按其封装结构及封装形式可分为全环氧封装、金属底座环氧封装、陶瓷底座环氧封装及玻璃封装等。还可分为色散射封装（D）、无色散封装（W）、有色透明封装（C）和无色透明封装（T）。

LED 按其封装外形可分为圆形、方形、矩形、三角形和组合形等多种。

小功率 LED 通常采用引线式封装或贴片式封装，而耗散功率为 0.5W 以上的大功率 LED 采用金属或陶瓷等封装。

3. 按管体颜色分类

LED 按管体颜色又分为红色、黄色、绿色、蓝色、黑色、琥珀色、白色、橙色、水色（透明）等多种。

4. 按发光颜色及光谱范围分类

LED 按发光颜色及光谱范围可分为有色光和红外光。有色光又分为红色光、黄色光、绿色光（细分为黄绿、标准绿和纯绿）、橙色光、蓝色光、紫色光等。

有的 LED 中包含两种或三种颜色的芯片，可以发多种颜色的光。

5. 按发光强度分类

LED 按发光强度和工作电流可分为普通亮度 LED（发光强度低于 10mcd）、高亮度 LED（发光强度在 10 ～ 100mcd 之间）和超高亮度 LED（发光强度高于 100mcd）。

6. 按功能和特性分类

按功能和特性，LED 可分为普通单色、高亮度、超高亮度、大功率、变色、闪烁、电压控制型、红外发射和负阻等。

7. 按功率分类

按功率，LED 可分为小功率和大功率。通常称耗散功率在 0.5W 以下的 LED 为小功率 LED，耗散功率为 0.5W 或在 0.5W 以上的 LED 称为大功率。

几种常见的 LED 外形图如图 11-2 所示。

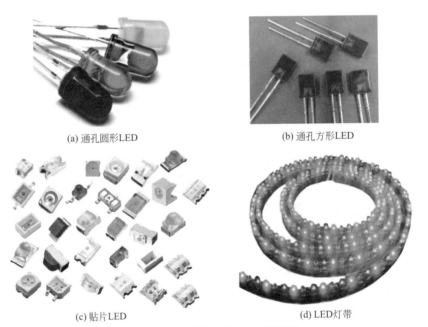

(a) 通孔圆形LED   (b) 通孔方形LED

(c) 贴片LED   (d) LED灯带

图 11-2　几种常见的 LED 外形图

11.1.3　发光二极管的主要参数

发光二极管的主要参数包括光学参数和电特性参数。

光学参数主要有发光强度、发光波长、光功率、光通量、发光效率、光强分布等。

电特性参数主要有耗散功率、正向电压、反向电压、正向电流和反向电流等。发光二极管的主要参数如表 11-1 所示。

表 11-1　发光二极管的主要参数

序号	主要参数	解　说
1	发光强度 I_V	发光强度 I_V 简称光强，单位为 cd 发光强度是 LED 的光学指标，用来表示发光亮度的大小（表征它在某个方向上的发光强弱）
2	发光波长 λ_p	发光波长 λ_p 也称峰值波长或主波长，是指 LED 在一定工作条件下，其发射光的峰值所对应的波长
3	光功率	光功率又称为光辐射功率，是指 LED 输出的光功率。该值与半导体材料的结构有关
4	光通量 Φ	光通量是指人眼所能感觉到的辐射能量，它等于单位时间内某一波段的辐射能量和该波段的相对视见率的乘积，其单位为 lm（流明）
5	光强分布	LED 的光强分布特性直接影响到 LED 显示装置的最小观察角度
6	发光效率	发光效率就是光通量与电功率之比。发光效率表征了光源的节能特性，这是衡量现代光源性能的有关重要指标
7	耗散功率	耗散功率也称额定功率，是指 LED 在正常工作时耗散的功率
8	正向电流 I_F	正向电流 I_F 是指 LED 长期连续工作时允许通过的最大正向电流值
9	反向电压 V_R	反向电压 V_R 是指 LED 在工作中能承受的最大反向电压值
10	反向电流 I_R	反向电流 I_R 是指在规定的反向电压和环境温度下测得的 LED 反向漏电流
11	正向电压 V_F	正向电压 V_F 是指 LED 导通时其两端产生的正向电压降

常用发光二极管的主要参数如表 11-2 所示。

表 11-2　常用发光二极管的主要参数

二极管材料	中心发光波长 /mm	发光颜色	二极管材料	中心发光波长 /mm	发光颜色
砷铝化镓（GaAlAs）	660	红	磷砷化镓或磷化镓	580	黄
磷化镓（GaP）	555	纯绿		605	橙
	560	绿		630	红
	570	黄	磷砷化镓（GaAsP）	650	红
	700	红			

11.1.4　常见 LED 照明产品

LED 半导体照明，通常划分为通用照明和特殊照明两大领域。通用照明指超高亮度白光照明，特殊照明主要包括景观照明、显示屏、交通信号灯、汽车灯、背景光源、特种工作照明（矿灯、警示灯、防爆灯、救援灯、野外工作灯）、军事及其他应用（玩具、礼品、手电筒等）。常见 LED 照明产品如图 11-3 所示。

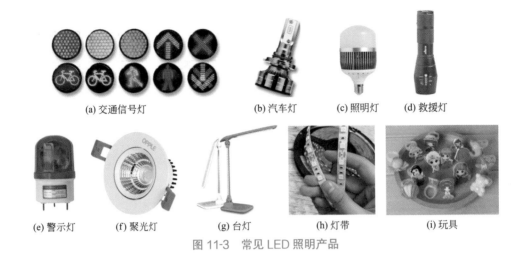

(a) 交通信号灯　　　(b) 汽车灯　　(c) 照明灯　　(d) 救援灯

(e) 警示灯　　(f) 聚光灯　　(g) 台灯　　(h) 灯带　　(i) 玩具

图 11-3　常见 LED 照明产品

11.1.5　LED 的检测

1. 指针式万用表检测 LED

指针式万用表检测 LED 采用的是 $R \times 10k$ 挡，其测量方法及对其性能的好坏判断与普通二极管相同，测量示意图如图 11-4 所示。但发光二极管的正向、反向电阻均比普通二极管大得多。正常时，正向阻值约为 $15 \sim 40k\Omega$；反向阻值大于 $500k\Omega$。测量正向电阻时，有些管子可以看到发光管的发光情况。

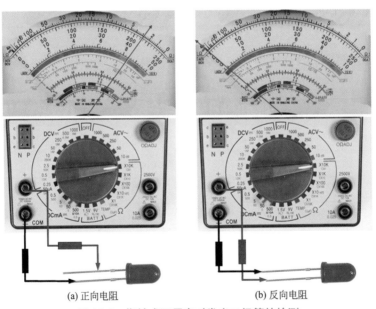

(a) 正向电阻　　　　　　　(b) 反向电阻

图 11-4　指针式万用表对发光二极管的检测

2. 数字式万用表检测 LED

用数字式万用表的 $R \times 20M$ 挡，测量它的正、反向电阻值，测量示意图如图 11-5 所示。正常时，正向电阻小于反向电阻。较高灵敏度的发光二极管，用数字式万用表小量程电阻挡测它的正向电阻时，管内会发微光，所选的电阻量程越小，管内发出的光越强。

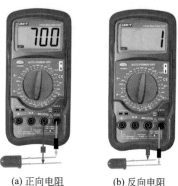

(a) 正向电阻   (b) 反向电阻

图 11-5　数字式万用表对发光二极管的检测

11.1.6　变色发光二极管

能发出不同颜色光的发光二极管称为变色发光二极管,常见的变色发光二极管主要有红 - 绿 - 橙、红 - 黄 - 橘红、黄 - 纯绿 - 浅红等。变色发光二极管外形结构及符号如图 11-6 所示。

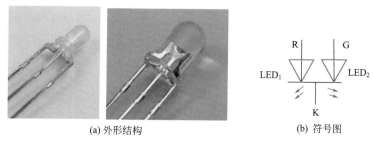

(a) 外形结构   (b) 符号图

图 11-6　变色发光二极管外形结构及符号

当一个发光二极管单独工作时就发出单色光;当两个发光二极管同时工作时,就会发出复色光,即变色光。

11.1.7　发光显示器分类

发光显示器是由多个发光二极管芯片组合而成的结构型器件。通过发光二极管芯片的适当连接和合适的光学结构,可构成发光显示器的发光段和发光点,由这些发光段和发光点组成各种发光显示器。常见发光显示器的分类如图 11-7 所示。

图 11-7　常见发光显示器的分类

207

11.2
发光二极管数码显示器

扫一扫 看视频

11.2.1 数码管的型号命名

国产 LED 数码管的型号命名由四部分组成，即

第四部分：公共极性，用数字表示
第三部分：发光颜色，用字母表示
第二部分：字符高度，用数字表示，单位为mm
第一部分：主称，用字母BS表示

各部分的含义如表 11-3 所示。

表 11-3 国产数码管型号命名及含义

第一部分：主称		第二部分：字符高度	第三部分：发光颜色		第四部分：公共极性	
字母	含义	用数字表示数码管的字符高度，单位是 mm	字母	含义	数字	含义
BS	半导体发光数码管		R	红	1	共阳
			G	绿		
			OR	橙红	2	共阴

例如 BS12.7R1 表示字符高度为 12.7mm 的红色共阳极数码管。

BS——半导体发光数码管；

12.7——12.7mm；

R——红色；

1——共阳极；

实际使用时注意：各公司生产的数码管命名不完全相同。

LED 数码显示器的分类方法如下。

① 按字高分：笔画显示器的字高最小为 1mm（单片集成式多位数码管的字高一般为 2～3mm），其他类型笔画显示器的字高最大可达 12.7mm（0.5in）甚至数百毫米。

② 按颜色分有红、橙、黄、绿、紫、白等数种。

③ 按结构分有反射罩式、单条七段式及单片集成式。

④ 按位数分有 1 位数码管、2 位数码管、3 位数码管和 4 位数码管等。

⑤ 按各发光段电极连接方式分有共阳极和共阴极两种。

11.2.2 单位 LED 数码显示器

数码管是目前常用的显示器件之一。将 7 个发光二极管分段封装，就成了 LED 数码显示器，它以发光二极管作为显示笔段，按照共阴或者共阳方式连接而成。

用于数码显示的发光二极管多为红色，分单位和多位两种。单位 LED 数码显示器的内部结构及外形如图 11-8 所示。

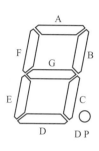

(a) 内部结构　　　　　　　　　(b) 外形

图 11-8　单位 LED 数码显示器的内部结构及外形

从图 11-8（a）中可知，数码管的 7 个笔段电极分别为 A ～ G（有些资料中为小写字母），DP 为小数点。这八段发光管分别称为 A、B、C、D、E、F、G 和 DP，通过八个发光段的不同组合，可以显示 0 ～ 9（十进制）和 0 ～ 15（十六进制）等 16 个数字字母，从而实现整数和小数的显示。LED 数码显示器显示方式如表 11-4 所示。

表 11-4　LED 数码显示器显示方式

7 个笔段电极	显示方式									
	1	2	3	4	5	6	7	8	9	0
	1	2	3	4	5	6	7	8	9	0

如图 11-9 所示，所谓共阳极是指笔画显示器上各段发光管的阳极是公共的（一般拼成一个"8"字加一个小数点），即作为一个引脚，而各个阴极互相隔离。所谓共阴方式，是指笔画显示器上各段发光管的阴极是公共的，即作为一个引脚，而阳极是互相隔离的。在使用时，共阳极的引脚接电源（V_{CC}），共阴极的引脚接地。

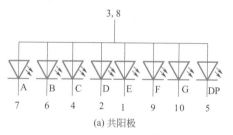
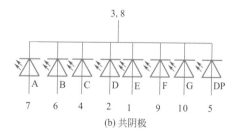

(a) 共阳极　　　　　　　　　　　　　(b) 共阴极

图 11-9　数码管的内部连接方式

注意！　数码管各笔划段引线引脚排列采取双列，在数码正置俯视时，左下角为第一脚，按逆时针依次确定其余各脚，但各型号不同，引脚的号数有可能与图 11-9 的段位不对应。

11.2.3 数码管的主要技术参数

数码管的主要技术参数如表 11-5 所示。

表 11-5 数码管的主要技术参数

序号	主要参数	解　说
1	8 字高度	8 字上沿与下沿的距离。比外形高度小，通常用英寸来表示。范围一般为 0.25 ~ 20in
2	长 × 宽 × 高	长为数码管正放时，水平方向的长度；宽为数码管正放时，垂直方向上的长度；高为数码管的厚度
3	时钟点	四位数码管中，第二位 8 与第三位 8 中间的两个点。一般用于显示时钟中的秒
4	数码管使用的电流与电压	电流：静态时，推荐使用 10 ~ 15mA；动态扫描时，平均电流为 4 ~ 5mA，峰值电流 50 ~ 60mA 电压：查引脚排布图，看一下每段的芯片数量是多少。当红色时，使用 1.9V 乘以每段的芯片串联的个数；当绿色时，使用 2.1V 乘以每段的芯片串联的个数
5	发光强度比	由于在同样的驱动电压下，数码管各段的正向电流不相同，所以，各段的发光强度也不同。把所有段的发光强度值中最大值与最小值之比称为发光强度比。在通常情况下，发光强度比在 1.5 ~ 2.3 之间，最大不能超过 2.5
6	脉冲正向电流	若笔画显示器每段的典型正向直流工作电流为 I_F，则在脉冲信号作用下，正向电流可以远大于 I_F。脉冲占空比越小，脉冲正向电流可以越大

11.2.4 多位 LED 数码显示器

把单位 LED 数码显示器组合在一起，可形成一个独立的多位组合型 LED 数码显示器，简称多位 LED 数码显示器。多位 LED 数码显示器一般分为通用型和专用型两大类，通用型可用于各种常用的显示，而专用型一般用于电子钟、电子秤等。

多位 LED 数码显示器外形结构如图 11-10 所示。

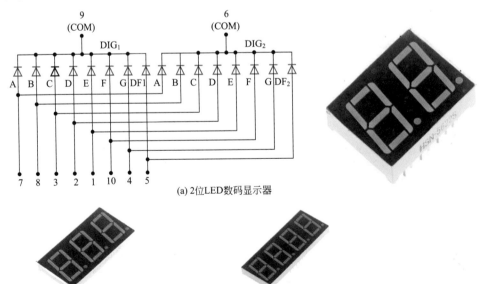

图 11-10　多位 LED 数码显示器外形结构

11.2.5 数码显示器的检测

数字式万用表检测 LED 数码管的方法如下。

将数字式万用表置于二极管挡时，其开路电压为 +2.8V。用此挡测量 LED 数码管各引脚之间是否导通，可以识别该数码管是共阴极型还是共阳极型，并可判别各引脚所对应的笔段有无损坏。

1. 检测已知引脚排列的 LED 数码管

将数字式万用表置于二极管挡，黑表笔与数码管的公共点（LED 的共阴极）相接，然后用红表笔依次去触碰数码管的其他引脚，触到哪个引脚，哪个笔段就应发光，如图 11-11 所示。若触到某个引脚时，所对应的笔段不发光，则说明该笔段已经损坏。

2. 检测引脚排列不明的 LED 数码管

有些市售 LED 数码管不注明型号，也不提供引脚排列图。遇到这种情况，可使用数字式万用表方便地检测出数码管的结构类型、引脚排列以及全笔段发光性能。

将数字万用表置于二极管挡，红表笔接在一个引脚上，然后用黑表笔分别接触其他各引脚，当接触到某一引脚时，数码管的其中一个笔段发光，而接触其余引脚时则不发光，如图 11-12 所示。由此可知，被测数码管是共阴极结构类型，数码管其中一个笔段发光时黑表笔所接是公共阴极。将黑表笔接公共阴极，红表笔分别接触其他各引脚，观察相应发光笔段情况，可检测出引脚排列以及各笔段发光性能。

图 11-11　检测已知引脚排列的 LED 数码管

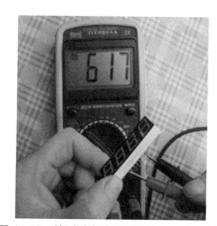

图 11-12　检测引脚排列不明的 LED 数码管

检测中，若被测数码管为共阳极类型，则只有将红、黑表笔对调才能测出上述结果。特别是在判别结构类型时，操作时要灵活掌握，反复试验，直到找出公共电极为止。

> **注意** 大多数 LED 数码管的小数点是在内部与公共电极连通的。但是，也有少数产品的小数点是在数码管内部独立存在的，测试时要注意正确区分。

11.2.6 十进制 LED 计数显示器

十进制 LED 计数显示器是由强驱动 COMS 集成电路与 LED 生命显示器有机结合而组成的功能模块，具有计数、寄存、译码驱动及 LED 显示四合一功能。其电路方框图如

图 11-13 所示。其计数功能和控制功能分别如表 11-6、表 11-7 所示。

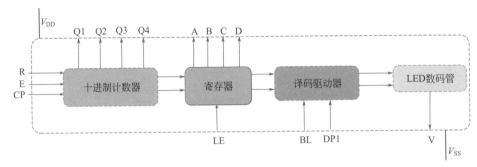

图 11-13 十进制 LED 计数显示器方框图

表 11-6 十进制计数显示器计数功能

CP	×	↑	0	↓	0	↑	1
E	×	1	↓	1	↑	0	↓
R	1	0	0	0	0	0	0
功能	全 0	计数	计数	保持	保持	保持	保持

表 11-7 十进制计数显示器控制功能

输入	LE		BL		RB1	DP1	
	1	0	1	0	0	1	0
功能	寄存	送数	消除	显示	灭无效零	DP 显示	DP 消隐

十进制 LED 计数显示器各引脚功能如表 11-8 所示。

表 11-8 十进制 LED 计数显示器各引脚功能

引脚	功能解说
A、B、C、D	寄存器 BCD 码信息输出端，可用于整机信息的记录及处理
Q1、Q2、Q3、Q4	计数器信号输出端，可用于系统的信息处理及控制
BL	什么管熄灭及显示状态控制端
RB1	多位数字中无效零值的熄灭控制输入端
RB0	多位数字中无效零值的熄灭控制输出端，用于控制下位数字的无效零值熄灭
DP1	小数点显示熄灭控制端，在多位数字中作无效零值的熄灭控制输入端
LE	寄存器门锁控制端，在多位数字中可用于位扫描显示控制
R	计数显示器零端
CP	计数显示器脉冲信号输出端（前沿作用）
CO	计数显示器计数进位信号输出端（后沿作用）

引脚	功能解说
E	计数显示器脉冲信号输入端（后沿作用）
V	LED 数码显示器组件公共负极，可用于调节数码管显示亮度
V_{DD}	显示器工作电源正极
V_{SS}	显示器工作电源负极

11.3
其他 LED 显示器

11.3.1　LED 米字显示器

LED 米字显示器是一种用于显示英文字母在内的多种符号显示器，在许多电子显示设备上要用到它，其外形结构如图 11-14 所示。

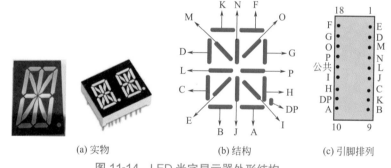

(a) 实物　　　　　(b) 结构　　　　　(c) 引脚排列

图 11-14　LED 米字显示器外形结构

LED 米字显示器也有共阳和共阴两种方式，它们的引脚命名与排序相同，只有公共引脚有阴阳之分，如图 11-15 所示。

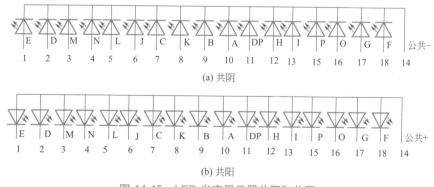

(a) 共阴

(b) 共阳

图 11-15　LED 米字显示器共阳和共阴

11.3.2 LED 符号显示器

LED 符号显示器是一种用于显示"+""−""±"和"1"等符号的器件，它具有体积小、工作电压低、亮度高、寿命长及视角大等特点，主要在数字化仪表中作字符显示用。

LED 符号显示器也有共阳和共阴两种方式。常见的型号有 BSR311、BCG311、BSR302、BSR312、BSG302、BSG312、BSR313、BSG313、BSR306、BSR316、BSG306、BSG316 等。

11.4
点阵元件

11.4.1　点阵元件的特点

LED 点阵是由若干个晶片构成的发光矩阵，它用环氧树脂封装于塑料壳内，适合于行、列扫描驱动，可构成高密度的显示屏，多用于户内显示屏。LED 点阵式显示器与由单个 LED 组成的显示器相比，具有焊点少、连线少、所有亮点在同一平面上、亮度均应、外形美观等优点。LED 点阵模块如图 11-16 所示。

图 11-16　LED 点阵模块

点阵式显示器根据其内部 LED 尺寸的大小、数量的多少及发光强度、颜色等可分为多种规格。按其发光颜色可分为单色型和彩色型；按内部结构可分为共阴（行）和共阳（行）；按阵列可分为 4×6、5×7、8×8 等组成的显示器。

LED 点阵式显示器可以代替数码管、符号管和米字管。不仅可以显示数字，也可以显示所有英文字母和符号。如果将多块组合，可以构成大屏幕显示屏，用于汉字、图形、图表等的显示。LED 点阵式显示器广泛用于机场、车站、码头、银行等公共场所的指示、说明、广告等。

11.4.2　点阵元件的检测

点阵实质上就是由许多发光二极管组合而成的。电路中若使用点阵，在电路原理图上只标出点阵行、列的引脚对应关系，而每个点阵后面的引脚排列次序不同，不同厂商在设计时是根据 PCB 板布线来定义引脚排列次序的。由于各厂商自定义点阵引脚排列次序，故使用前应先测试引脚排列次序。

将指针式万用表置于电阻 $R \times 10k$ 挡，先用黑表笔随意接一个引脚，红表笔分别接触余下的引脚，看点阵有没有点发光，没发光就用黑表笔再选择一个引脚，红表笔分别接触余下的引脚，若点阵发光，则这时黑表笔接触的那个引脚为正极，红表笔接触的就是负极。8×8点阵等效电路如图 11-17 所示。

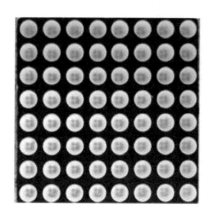

图 11-17　8×8 点阵等效电路

第 12 章
电声器件

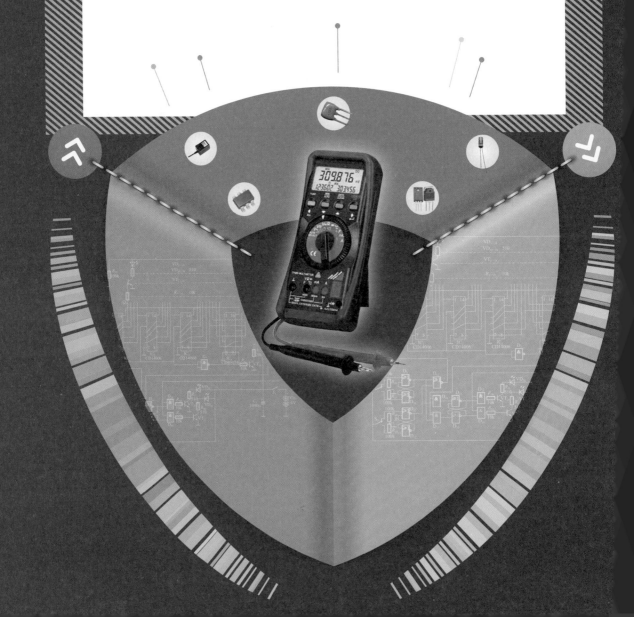

在介绍各类电声器件之前，我们先了解一下电声器件型号的命名方法。电声器件型号命名一般由 4 部分组成，即：

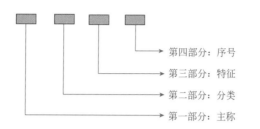

扫一扫 看视频

第四部分：序号
第三部分：特征
第二部分：分类
第一部分：主称

第一部分：电声器型号中的主称，用汉语拼音字母表示，其代表符号意义如表 12-1 所示。

表 12-1　电声器件型号中的主称代表符号意义

主称	代表符号	主称	代表符号
扬声器	Y	声柱（扬声器）	YZ
传送器	C	号筒式组合扬声器	HZ
耳机	E	耳机传声器组	EC
送话器	O	扬声器系统	YX
受话器	S	复合扬声器	TF
送话器组	N	送受话器（组）	OS
两用换能器	H	通信帽	TM

第二部分：电声器件型号中的分类部分，用汉语拼音字母表示，其代表符号的意义如表 12-2 所示。

表 12-2　电声器件型号中分类部分代表符号的意义

分类	代表符号	分类	代表符号
电磁式	C	压电式	Y
动圈式（电动式）	D	电容式（静电式）	R
带式	A	驻极体式	Z
等电动式（平膜音圈式）	E	炭粒式	T

第三部分：电声器件型号中的特征部分，它用来表示辐射形式、形状、结构及用途，用汉语拼音字母表示，其代表符号的意义如表 12-3 所示。

第四部分：电声器件中的序号，用阿拉伯数字表示，它按各生产厂家规定的企业标准或方法规定执行。凡带有放大器的器件式组件，均在其序号前加注"F"。

表 12-3　电声器件型号中特征部分代表符号的意义

特征 1	代表符号	特征 2	代表符号
号筒式	H	高频	G
椭圆式	T	中频	Z
球顶式	Q	低频	D
接触式	J	立体性	L
气导式	I	抗噪声	K
耳塞式	S	测试用	C
耳挂式	G	飞行用	F
听诊式	Z	坦克用	T
头戴式	D	舰艇用	J
手提式	C	炮兵用	P

12.1 扬声器

扫一扫 看视频

12.1.1　扬声器的作用、图形符号

图 12-1　扬声器的电路符号

扬声器俗称喇叭，是一种能够将电信号转换为声音的电声器件，是音响系统中的重要器材。作为将电能转变为声能的电声换能器件之一，扬声器的品质、特性，对整个音响系统的音质起着决定性的作用。

扬声器在电路原理图中常用文字符号"B"或"BL"表示，它的电路符号如图 12-1 所示。

12.1.2　扬声器的分类

常见扬声器的分类如图 12-2 所示。

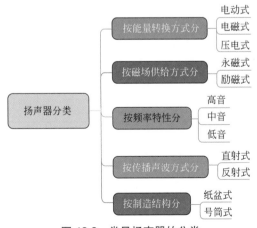

图 12-2　常见扬声器的分类

1. 纸盆式扬声器

纸盆式扬声器又称为动圈式扬声器。常见纸盆式扬声器的外形如图 12-3 所示。

图 12-3 常见纸盆式扬声器的外形

2. 号筒式扬声器

号筒式扬声器的结构有振动系统（高音头）和号筒两部分。常见号筒式扬声器的外形如图 12-4 所示。

图 12-4 常见号筒式扬声器的外形

3. 球顶形扬声器

球顶形扬声器是目前音箱中使用最广泛的电动式扬声器之一，它最大的优点是中高频响应优异和指向性较宽。常见球顶形扬声器的外形如图 12-5 所示。

图 12-5 常见球顶形扬声器的外形

4. 压电式扬声器

压电式扬声器是利用压电材料受到电场作用发生形变的原理，将压电元件置于音频电流信号形成的电场中，使其发生位移，从而产生逆电压效应，最后驱动振膜发声的扬声器。常见压电式扬声器外形如图 12-6 所示。

图 12-6 常见压电式扬声器外形

12.1.3　扬声器的主要技术参数

扬声器的主要技术参数如表 12-4 所示。

表 12-4　扬声器的主要技术参数

主要参数	解说
功率	扬声器的功率有标称功率和最大功率之分。标称功率是指额定功率、不失真功率，它是扬声器在额定不失真范围内容许的最大输入功率，在扬声器的商标、技术说明书上标注的功率即为标称功率值。最大功率是指扬声器在某一瞬间所能承受的峰值功率。为保证扬声器工作的可靠性，要求扬声器的最大功率为标称功率的 2 ～ 3 倍
额定阻抗	扬声器的阻抗一般和频率有关。额定阻抗是指音频为 400Hz 时，从扬声器输入端测得的阻抗。额定阻抗一般是音圈直流电阻的 1.2 ～ 1.5 倍。一般动圈式扬声器常见的额定阻抗有 4Ω、8Ω、16Ω、32Ω 等
频率响应	给一只扬声器加上相同电压而不同频率的音频信号时，其产生的声压将会产生变化。一般中音频时产生的声压较大，而低音频和高音频时产生的声压较小。当声压下降为中音频的某一数值时的高、低音频率范围，叫该扬声器的频率响应特性 理想的扬声器频率特性应为 20Hz ～ 20kHz，这样就能把全部音频均匀地重放出来，然而这是做不到的。每一只扬声器只能较好地重放音频的某一部分
失真	扬声器不能把原来的声音逼真地重放出来的现象叫失真。失真有两种：频率失真和非线性失真。频率失真是由于对某些频率的信号放音较强，而对另一些频率的信号放音较弱，失真破坏了原来高低音响度的比例，改变了原声音色。而非线性失真是由于扬声器振动系统的振动和信号的波动不够完全一致，在输出的声波中增加一新的频率成分
指向特性	用来表征扬声器在空间各方向辐射的声压分布特性，频率越高指向性越狭，纸盆越大指向性越强
灵敏度	灵敏度是衡量扬声器重放音频信号的细节指标。扬声器的灵敏度通常是指输入功率为 1W 的噪声电压时，在扬声器轴向正面 1m 处所测得的声压大小，故灵敏度又称声压级。灵敏度越高，则扬声器对音频信号中细节作出的响应越好。灵敏度反映了扬声器电、声转换效率的高低

12.1.4　扬声器的检测

1. 测量直流电阻

用 $R \times 1\Omega$ 挡测量扬声器两引脚之间的直流电阻，正常时应比铭牌上标示的扬声器阻抗略小。设扬声器直流电阻为 R_0，则其阻抗为 $1.25R_0$。例如 8Ω 的扬声器测量的电阻正常为 7Ω 左右。测量阻值为无穷大，或远大于它的标称阻抗值，说明扬声器已经损坏。扬声器直流电阻测量示意图如图 12-7 所示。

测量直流电阻时，将一支表笔固定，另一支表笔断续接触引脚，应该能听到扬声器发出"喀喇喀喇"响声，响声越大越好，无此响声说明扬声器音圈被卡死或音圈损坏。

2. 扬声器极性、相位的判断

扬声器相位是指扬声器在串联、并联使用时的正极、负极的接法。当使用两只以上的扬声器时，要设法保证流过扬声器的音频电流方向的一致性，这样才能使扬声器的纸盆振动方向保持一致，不至于使空气振动的能量被抵消，不至于降低放音效果。为满足这一要求，就要求串联使用时一只扬声器的正极接另一只扬声器的负极，依次地连接起来；并联使用时，各只扬声器的正极与正极相连，负极与负极相连，这样就满足了同相位的要求。

图 12-7　扬声器直流电阻测量示意图

确定扬声器的正负极性的方法如下。

（1）直接法

一些扬声器背面的接线支架上已经用"+""−"符号标出两根引线的正负极性，可以直接识别出来，如图 12-8（a）所示；有的接线支架上用红色和白色（或黑色）标出两根引线的正负极性，如图 12-8（b）所示。

"−"负极

"+"正极

白色负极

红色正极

(a) "+" "−"号标识　　　　　　　　　　　　(b) 颜色标识

图 12-8　接线支架上有标识

（2）视听法

扬声器的引脚极性可以采用视听法判别，将两只扬声器任意两根引脚并联起来，接在功率放大器输出端，给两只扬声器馈入电信号，两只扬声器同时发出声音。然后将两只扬声器口对口接近，如果声音越来越小，说明两只扬声器反极性并联，即一只扬声器的正极与另一只扬声器的负极相并联，如图 12-9 所示。

该识别方法的原理是：两只扬声器反极并联时，一只扬声器的纸盆向里运动，另一只扬声器的纸盆向外运动，这时两只扬声器口与口之间的声压减小，所以声音低。因此当两只扬声器相互接近后，两只扬声器口与口之间的声压更小，所以声音更小。

（3）电流法

利用万用表的直流电流挡识别出扬声器引脚极性的办法是：万用表置于最小的直流电流挡（微安挡），两只表笔接扬声器的任意两根引脚，用手指轻轻而快速地将纸盆向里推动，此时表针有一个向左或向右的偏转。当表针向右偏转时（如果向左偏转，将红黑表笔互相反接一次），红表笔所接的引脚为正极，黑表笔所接的引脚为负极。用同样的方法检测其他扬声器，这样各扬声器的引脚极性就一致了。如图 12-10 所示。

图 12-9　扬声器引脚极性视听法判别　　　图 12-10　利用万用表直流电流挡识别扬声器引脚极性

这一方法能够识别扬声器引脚极性的原理是：按下纸盆时，由于音圈有了移动，音圈切割永久磁铁产生的磁场，在音圈两端产生感生电动势，这一电动势虽然很小，但是万用表处于量程很小的电流挡，电动势产生的电流流过万用表，表针偏转。由于表针偏转方向与红黑表笔接音圈的头还是尾有关，这样可以确定扬声器引脚的极性。

12.1.5　扬声器的选用原则

一般扬声器的选用原则如下。

① 扬声器的额定功率要与功率放大器的输出功率相匹配。当功放第三次功率大于扬声器的额定功率时，可采用多个小功率扬声器并联组合的方法，使扬声器的总功率与功放输出功率相适应。

② 功放的输出阻抗要与扬声器的阻抗相匹配，否则会引起大的功率损耗。

③ 低音一般选用大口径的纸盆扬声器，它能使重放低频的效果更好；高音一般选用球顶式高音扬声器，它的高频响应应较好；中频一般选用平板式和球顶式扬声器。

④ 要想重放声音的全频带，应选用多只扬声器组合单元，利用分频器电路使它们各自重放相应的频率范围。

12.1.6　扬声器的使用注意事项及更换

1. 扬声器的使用注意事项

扬声器在使用中一定要使扬声器工作在最佳状态，在具体使用中应注意以下几点。

（1）注意防潮

扬声器应放置于干燥之处，因为潮气容易使扬声器的纸盆软化并变形，使音圈霉烂、外移，甚至与磁铁摩擦。

（2）注意防振

剧烈的振动和撞击，会引起扬声器磁铁失磁、变形和碎裂损坏。

（3）切忌超功率使用

在接入电路时，一定要注意加到扬声器的功率不得超过它的额定功率，否则将引起纸盆振破，音圈烧毁，导致其报废。

（4）远离高温，勿靠近热源

若扬声器长期受热容易引起退磁。

（5）阻抗匹配

每一种扬声器都有其一定的阻抗，如果阻抗失配，扬声器的最大效率就不能得以发挥，而且可能造成失真增大，甚至将扬声器烧毁。

2. 扬声器的更换

更换扬声器时一般应注意以下问题。

（1）注意扬声器的口径及外形

代换时，更换的扬声器要与原扬声器口径相同。对于固定孔位与原固定位置不同的扬声器，可根据机壳前面板固定柱的位置，重新钻孔安装，或采用卡子来固定扬声器。

（2）注意扬声器的阻抗

根据理论计算，负载阻抗减小一半时，则输出功率就会增加一倍，其输出电流也增大近一倍，这就要考虑到功放电路中某些晶体管的一些相关参数指标是否满足要求。例如，功放管的集电极最大电流 I_{CM} 值和耗散功率 P_{CM} 值等是否够用。若功放管的上述参数指标不够用而随意降低其负载阻抗值，在放大器满功率输出时，势必将功放管（或集成功放）烧毁。

（3）注意扬声器的额定功率

为了增加保真度，一般功放级的输出功率均大于扬声器的额定功率的 2～3 倍或更多些。这种情况称之为功率储备，其目的是当音量电位器开得不太大时，失真度最小，而输出的声音已经足够响亮，从而获得最佳放音效果。从这个意义上来讲，代换扬声器时，不要选配功率太大的扬声器，否则的话，当音量电位器开小时，其输出功率没有足够力量推动纸盆振动或振动幅度太小，声音便显得无力、不好听；当音量电位器开足后，放大器失真度又相应地增大。但是，也不能使扬声器的额定功率小于放大器的输出功率太多，两者相差悬殊也容易将扬声器的音圈烧毁或使纸盆移位。

（4）注意扬声器的电性能指标

选配扬声器时，要求失真度小、频率特性好和灵敏度高。

12.2
耳机

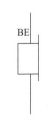

扫一扫 看视频

12.2.1 耳机的特性、图形符号

耳机也是将电信号转换为声音信号的电声器件，主要应用于收音机、放音机、CD 机、手机等电子设备中，用来代替扬声器作放声用。耳机具有使用方便、体积小、成本低、制造简单、效率高等优点，应用广泛。

在电路原理图中耳机的文字符号是"B"或"BE"，电路符号如图 12-11 所示。

图 12-11 耳机的电路符号

12.2.2 耳机的主要技术参数

耳机的主要技术参数如表 12-5 所示。

表 12-5 耳机的主要技术参数

主要参数	解　说
额定阻抗	额定阻抗也叫交流阻抗，它的大小是线圈直流电阻与线圈的感抗之和 民用耳机和专业耳机的阻抗一般都在 100Ω 以下，有些专业耳机阻抗在 200Ω 以上，这是为了在一台功放推动多只耳机时减小功放的负荷。驱动阻抗高的耳机需要的功率更大 常见耳机的额定阻抗有 4Ω、5Ω、6Ω、8Ω、16Ω、20Ω、25Ω、32Ω、35Ω、37Ω、40Ω、50Ω、55Ω、125Ω、150Ω、200Ω、250Ω、300Ω、600Ω、640Ω、1kΩ、1.5kΩ、2kΩ 等多种规格
灵敏度	平时所说的耳机灵敏度实际上是耳机的灵敏度级，它是施加于耳机上 1mW 的电功率时，耳机所产生的耦合于仿真耳（假人头）中的声压级，1mW 的功率是以频率 1000Hz 时耳机的标准阻抗为依据计算的。灵敏度的单位是 dB/mW，另一个不常用的单位是 dB/Vrms，即 1Vrms 电压施于耳机时所产生的声压级。灵敏度高意味着达到一定的声压级所需功率要小，现在动圈式耳机的灵敏度一般都在 90dB/mW 以上
失真	耳机的失真一般很小，在最大承受功率时其总谐波失真≤ 1%，基本是不可闻的，较扬声器的失真小得多
频率响应	灵敏度在不同的频率有不同的数值，这就是频率响应，将灵敏度对频率的依赖关系用曲线表示出来，便称为频率响应曲线 人的听觉范围是 20 ～ 20000Hz，超出这个范围的声音绝大多数人是听不到的，耳机能够重放的频带是相当宽的，优秀的耳机已经可以达到 5 ～ 40000Hz

12.2.3 耳机的分类

常见耳机的分类如图 12-12 所示。

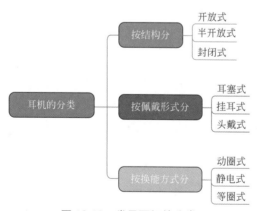

图 12-12　常见耳机的分类

1. 动圈式

动圈式耳机是最普通、最常见的耳机，它的驱动单元基本上就是一只小型的动圈扬声器，由处于永磁场中的音圈驱动与之相连的振膜振动。常见动圈式耳机外形如图 12-13 所示。

图 12-13　常见动圈式耳机外形

2. 等磁式

等磁式耳机的驱动器类似于缩小的平面扬声器，它将平面的音圈嵌入轻薄的振膜里，象印制电路板一样，可以使驱动力平均分布。常见等磁式耳机的外形如图 12-14 所示。

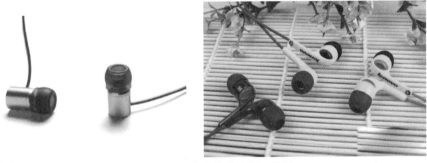

图 12-14　常见等磁式耳机外形

3. 静电式

静电式耳机有轻而薄的振膜，由高直流电压极化，极化所需的电能由交流电转化，也有用电池供电的。常见静电式耳机外形如图 12-15 所示。

图 12-15　常见静电式耳机外形

12.2.4　耳机的检测

1. 单声道耳机的检测

对于单声道耳机，检测时将万用表转换开关置于 $R \times 10\Omega$ 挡或 $R \times 100\Omega$ 挡，两支表笔分别断续接耳机引线插头的地线和芯线，此时，若能听到耳机发出"咔咔"声，表明耳机良好，如图 12-16 所示。如果表笔断续触碰耳机输出端引线时,听不到"咔咔"声,表明耳机不能使用。如果对两副或两副以上耳机同时进行该检测时,其声音较大者,灵敏度较高,在检测中如果出现失真的声音,则表明有音圈不正或音膜损坏变形的故障。

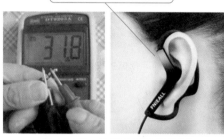

检测的同时用耳朵监听

图 12-16　单声道耳机的检测

2. 双声道耳机的检测

双声道耳机检测时,将万用表转换开关置于 $R\times1\Omega$ 挡,测量耳机音圈的直流电阻。将万用表的一支表笔接触插头的公共端(地线),另一支表笔分别接触耳机插头的两个芯线,其阻值均应小于 32Ω,因为立体声耳机的交流阻抗为 32Ω,而直流电阻总比交流阻抗低,一般双声道耳机的直流阻值为 $20\sim30\Omega$。若测得的阻值过小或超过 32Ω 很多,则说明耳机有故障。在测量的同时,若能听到左、右声道耳机发出的"喀喀"声,则表明耳机良好;否则,表明左声道或右声道或左右两声道有故障。

12.3 蜂鸣器

扫一扫 看视频

12.3.1　蜂鸣器外形结构、图形符号

蜂鸣器是一种一体化结构的电子讯响器,采用直流电压供电,它将线圈置于由永久磁铁、铁芯、高导磁的小铁片及振动膜组成的磁回路中。通电时,小铁片与振动膜受磁场的吸引会向铁芯靠近,线圈接受振动信号则会生成交替的磁场,继而将电能转化为声能。

蜂鸣器通常采用直流电压供电,广泛应用于计算机、打印机、复印机、报警器、电子玩具、汽车电子设备、电话机、定时器等电子产品中作发声器件。

常见蜂鸣器的外形结构、图形符号如图 12-17 所示。蜂鸣器在电路中用字母"H"或"HA"(旧标准用"FM""LB""JD"等)表示。

(a) 通孔式　　　　　　　　　　　　　　　　(b) 贴片式　　　　　(c) 图形符号

图 12-17　常见蜂鸣器的外形结构、图形符号

12.3.2 蜂鸣器的分类

1. 压电蜂鸣片、压电式蜂鸣器

压电蜂鸣片由压电陶瓷片和金属振动片黏合而成，因此又被称为压电陶瓷片，它是在陶瓷片的两面镀上银电极，经极化和老化处理后，再与黄铜片或不锈钢片粘在一起。主要应用在定时器及玩具等电子产品中作为发声器件。压电陶瓷片外形结构如图12-18所示。

图 12-18　压电陶瓷片外形结构

压电式蜂鸣器主要由多谐振荡器、压电蜂鸣片、阻抗匹配器及共鸣箱、外壳等组成。有的压电式蜂鸣器外壳上还装有发光二极管。

多谐振荡器由晶体管或集成电路构成。当接通电源后（1.5～15V直流工作电压），多谐振荡器起振，输出1.5～2.5kHz的音频信号，阻抗匹配器推动压电蜂鸣片发声。压电式蜂鸣器外形结构如图12-19所示。

图 12-19　压电式蜂鸣器外形结构

2. 电磁式蜂鸣器

电磁式蜂鸣器由振荡器、电磁线圈、磁铁、振动膜片及外壳等组成。接通电源后，振荡器产生的音频信号电流通过电磁线圈，使电磁线圈产生磁场。振动膜片在电磁线圈和磁铁的相互作用下，周期性地振动发声。常见电磁式蜂鸣器外形结构如图12-20所示。

图 12-20　常见电磁式蜂鸣器外形结构

12.3.3　蜂鸣器的检测

将压电蜂鸣片平放在桌子上，在压电蜂鸣片的两极引出两根引线，两根引线分别与万用表（数字式、指针式皆可）的两表笔相接，将万用表置于最小电流挡，然后用铅笔橡皮头轻按压电蜂鸣片，若万用表指针明显摆动（数字表有显示），说明压电蜂鸣片完好，如图12-21所示；否则，说明已损坏。

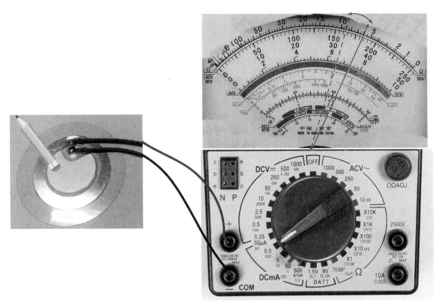

图 12-21　压电蜂鸣片的检测

用万用表的 $R \times 1\Omega$ 挡检测蜂鸣器的阻值时，正常的蜂鸣器就会发出轻微"咯咯"的声音，并在表头上显示出直流电阻值（通常为 16Ω 左右），如图12-22所示；若无"咯咯"响声且电阻值为无穷大，则表明蜂鸣器开路损坏。

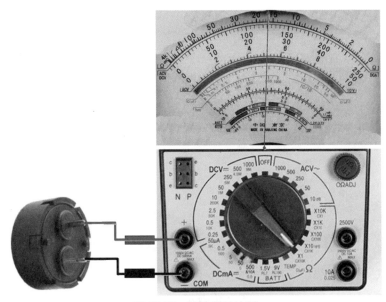

图 12-22　蜂鸣器的检测

自励式（DC）的蜂鸣器可以加直流电来判断其是否好坏，加直流电后若蜂鸣，表明蜂鸣器是好的，否则为损坏；他励式（AC）的可以加方波信号进行好坏判断。

12.4 话筒

扫一扫 看视频

12.4.1　话筒的分类、图形符号

话筒学名叫传声器，又叫麦克、微音器，是一种能够将声音信号转换为电信号的声—电转换器件。在电路原理图中，话筒常用字母"B"或"BM"表示，电路符号如图 12-23 所示。

(a) 一般话筒符号

(b) 压电晶体式话筒符号

(c) 电容式话筒符号

图 12-23　话筒电路符号

1. 动圈式话筒

动圈式话筒又叫电动式话筒，它在结构上与电动式扬声器相似，常见的电动式话筒外形结构如图 12-24 所示。

图 12-24　常见动圈式话筒外形结构

动圈式话筒的输出阻抗分高阻和低阻两种，高阻抗的输出阻抗一般为 1000 ～ 2000Ω，低阻抗的输出阻抗为 200 ～ 600Ω。它的频率响应一般为 200 ～ 5000Hz，质量高的可达 30 ～ 18000Hz。

动圈式话筒的优点是使用可靠方便、噪声小、机械性能好、寿命长、无需直流工作电压；缺点是灵敏度稍低，频率响应较差。

2. 电容式话筒

电容式话筒是一种利用电容量变化而引起声电转换作用的传声器，它是由一个振动膜片

和固定电极组成的一个间距很小的可变电容器。它的电声性能较好，频率范围宽，灵敏度高，噪声小，失真小，瞬时响应快速，体积小，重量轻，最适合装配在无线话筒上；缺点是工作稳定性不够好，低频段灵敏度随着使用时间的增加而下降，寿命比较短，工作时需要直流电源。常见电容式话筒外形结构如图 12-25 所示。

图 12-25　常见电容式话筒外形结构

3. 压电式话筒

压电式话筒又叫晶体式或陶瓷式话筒，优点是灵敏度高、结构简单、价格便宜、使用方便，但易损坏。常见压电式话筒外形结构如图 12-26 所示。

图 12-26　常见压电式话筒外形结构

4. 驻极体话筒

驻极体话筒由声电转换和阻抗转换两部分组成。它具有体积小、结构简单、电声性能好、价格低等优点，广泛应用于电话、手机、录音机、无线话筒及声控等电路中。缺点是音质较差、噪声大。常见驻极体话筒外形结构如图 12-27 所示。

5. 铝带式话筒

铝带式话筒是动圈式话筒的一种。铝带式话筒与其他动圈式话筒的主要区别在于它用一个很薄的金属片代替了后者所使用的振膜和线圈。它主要是通过金属片自身根据声压变化而发生的振动，来带动磁场中电流的变化，从而最终产生声音信号的。铝带式话筒频率响应范围宽，音质好，瞬时响应快速，但价格较高，常用于专业录音。常见的铝带式话筒外形结构如图 12-28 所示。

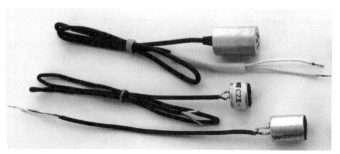

图 12-27 常见驻极体话筒外形结构

图 12-28 常见铝带式话筒外形结构

12.4.2 话筒的型号命名方法

国产话筒的命名由四部分组成，即：

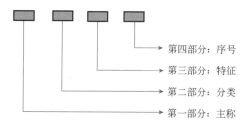

第四部分：序号

第三部分：特征

第二部分：分类

第一部分：主称

各组成部分的含义如表 12-6 所示。

表 12-6 国产话筒命名组成部分的含义

第一部分		第二部分		第三部分	
主称	符号	分类	符号	特征	符号
传声器	C	电动	D	手持	C

续表

第一部分		第二部分		第三部分	
主称	符号	分类	符号	特征	符号
送话器	O	电容	R	头戴	D
受话器	S	压电	Y	立体声	L
两用换能器	H	驻极体	Z	抗干扰	K
		炭粒	T	驻极体	Z

12.4.3　话筒的主要技术参数

话筒的主要技术参数如表 12-7 所示。

表 12-7　话筒的主要技术参数

技术参数	解　说
灵敏度	灵敏度是表示话筒电声转换能力的一个指标，是指单位声压作用下能产生音频信号电压的大小。灵敏度越高，相同大小声音输出的音频信号越强。在实际使用中，通常说明书中都给出灵敏度的大小
频率响应	话筒的灵敏度与频率有关，不同的频率其灵敏度不一定相同，这种反映灵敏度随频率变化的特性就称为话筒的频率响应或频率特性。通常采用灵敏度与频率之间的关系曲线来表示，称为话筒的频响曲线。如果话筒的频率特性好，则还原出来的音频信号失真就小
输出阻抗	输出阻抗是话筒与其负载（如调音台等）的配接问题。要求负载阻抗比话筒的输出阻抗大得多。一般话筒输出阻抗在 1kΩ 以下为低阻抗，20kΩ 以上为高阻抗
固有噪声	在理想情况下，当作用于话筒上的声压为零时，话筒的输出电压应为零。实际上外界没有声音时话筒仍有一定的输出电压，此电压称为噪声电压。话筒的固有噪声越大，工作时输出信号中混杂的噪声越多
指向性	指向性又叫方向性，是话筒传声器对不同方向入射的声波的响应特性。话筒的指向性有单指向性、双指向性和全指向性三种。单指向性的话筒对正前方的声波最灵敏；双指向性的话筒对前后方的声波灵敏度高于其他方向；全指向性的话筒对所有方向来的声波灵敏度一样高

12.4.4　话筒的检测

1. 动圈式话筒的检测

可根据线圈电阻值的大小来确定动圈式话筒的好坏。检测时将万用表置于欧姆挡的较小挡位，测量话筒两接线端之间的电阻值。

如果话筒正常，测量阻值应在几十到几千欧左右，同时测量过程中话筒有轻微的"嚓嚓"声；如果测量阻值为零，说明话筒线圈短路（或开关处于关闭状态）；如果阻值为无穷大，说明话筒线圈断路，如图 12-29 所示。

(a) 内部结构   (b) 检测示意

图 12-29 动圈式话筒的检测

2. 驻极体话筒的检测

（1）驻极体话筒的内部结构

驻极体话筒的内部结构如图 12-30 所示。接二极管的目的是在场效应管受强信号冲击时起保护作用。场效应管的栅极接金属极板。这样，驻极体话筒的输出线便有三根：源极 S，一般用蓝色线；漏极 D，一般用红色线；接地线为连接金属外壳的屏蔽线。

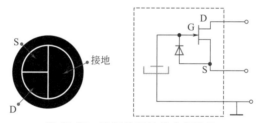

图 12-30 驻极体话筒的内部结构

（2）与电路的连接

通常机内型驻极体话筒共有四种连接形式，对应的话筒引出线端有三端式和二端式两种，如图 12-31 所示。图中的源极电阻 R_S 常取 $2.2k\Omega$，漏极电阻 R_D 常取 $1 \sim 2.7k\Omega$。

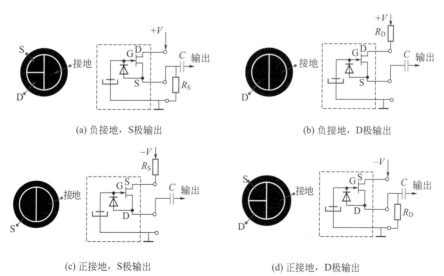

(a) 负接地，S极输出   (b) 负接地，D极输出

(c) 正接地，S极输出   (d) 正接地，D极输出

图 12-31 驻极体话筒共有四种连接形式

（3）驻极体话筒极性的判别

在场效应管的栅极与源极之间接有一只二极管，因而可利用二极管的正反向电阻特性来判别驻极体话筒的漏极 D 和源极 S。

将指针式万用表置于 $R \times 1k\Omega$ 挡，黑表笔接任一极，红表笔接另一极。再对调两表笔，比较两次测量结果，阻值较小时，黑表笔接的是源极，红表笔接的是漏极。

（4）驻极体话筒好坏检测

方法一：检测驻极体话筒好坏时，指针式万用表置于 $R \times 1k\Omega$ 挡，测量话筒两电极之间的正、反向电阻值，正常测得阻值应一大一小。如果测得正反向阻值均为零，则说明话筒内部短路；如果测得正反向电阻值均为无穷大，则说明话筒内部的场效应管断路；如果测得正反向电阻值相等，则说明内部场效应管 G、S 间二极管断路。

方法二：将指针式万用表置于 $R \times 1k\Omega$ 挡，黑表笔接 D，红表笔接 S，正常时，阻值应为 $1k\Omega$ 左右。此时对准话筒吹气，万用表的读数若在 $500\Omega \sim 3k\Omega$ 范围内摆动，则说明话筒正常。表针摆动幅度越大，则其灵敏度越高，若只有微微摆动，则表明灵敏度低。对于只有微微摆动或根本不摆动的话筒，则不能继续使用。

12.4.5　话筒的选用及使用注意事项

话筒在选用及使用期间一般应注意以下几点。

① 应根据使用的目的或场合选用话筒，如表 12-8 所示。

表 12-8　不同使用目的或场合的话筒

使用目的或场合		应选用的话筒
歌唱	卡拉 OK 厅或 VCD 机用	频率为 $50 \sim 11000Hz$ 的动圈式近讲话筒
	美声歌手演唱	频率为 $20 \sim 20000Hz$ 的单向电容式话筒
舞台演出用		单指向性话筒
大型会场或广播用		可靠性高、全指向性、低噪声的动圈式话筒
小型会议扩音或语言播音		频率响应在 $1000Hz$ 以上的单向动圈式话筒
录音	收录机用	单向驻极体电容式话筒
	电视电影制作用	高品质的动圈式话筒或电容式话筒，并且要注意选择指向性好、噪声低、动态范围大的话筒
	声学测量用	精密的电容式话筒

② 在选择话筒的阻抗时，应根据放大器的输入阻抗来选择，要做到话筒的输出阻抗应尽量与放大器的输入阻抗相匹配。

③ 话筒的输出电缆引线要有良好的屏蔽，且不能太长，一般应为几米。在使用低阻抗输出话筒时，电缆引线可以适当加长一些，但在使用高阻抗输出的话筒时，话筒的电缆引线不能太长，否则由于电缆分布电容的影响，会使话筒的高频特性变差。

④ 使用话筒时，应注意声源与话筒的距离。除了为歌手设计的近讲话筒使用时必须贴

近振动膜片外，其余话筒与使用者之间一般以 30 ～ 40cm 的间距为好。距离太远了，话筒输出电压低，噪声相对会增大；距离太近了，容易使声音阻塞。

⑤ 为了减少频率失真，声源应对准话筒的中心线。在扩音时，话筒不要对准和靠近扬声器，否则会引起反馈啸叫。

⑥ 话筒一般经不起强烈的震动和敲击，尤其是灵敏度较高的电容式话筒更怕震动，因此在试音时，不宜采用拍打和敲击的方法试验话筒，否则很容易损坏话筒。

第13章
其他元器件

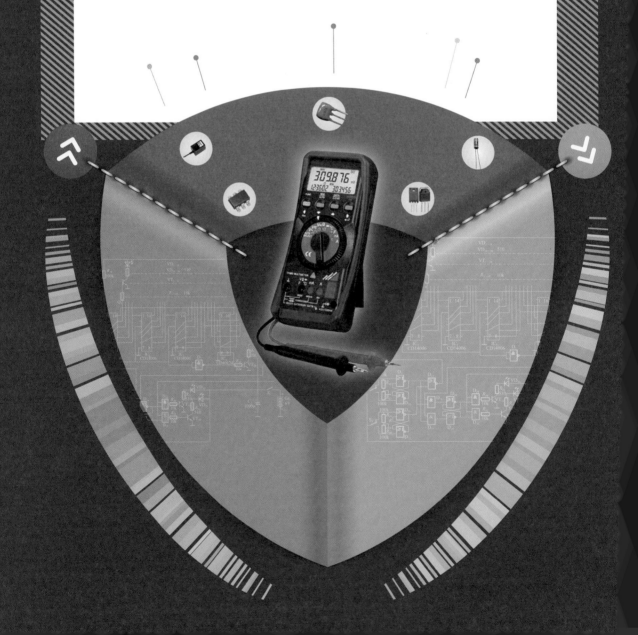

13.1 开关

扫一扫 看视频　扫一扫 看视频

13.1.1 开关的种类

开关的主要作用是断开、接通或转换电路。开关的种类是多种多样的，常见开关的分类方式如图 13-1 所示。

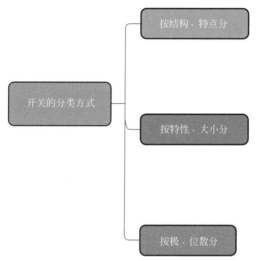

图 13-1　常见开关的分类方式

常见开关的分类如图 13-2 所示。

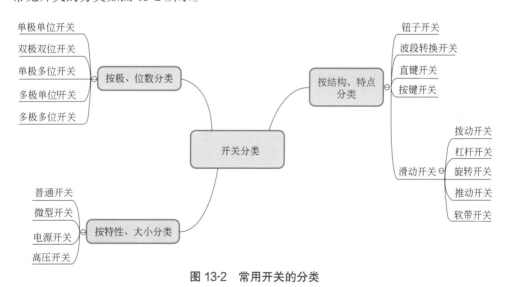

图 13-2　常用开关的分类

1. 开关的符号

开关在电路原理图中通常用字母 "S" 或 "K" 表示，其符号图如图 13-3 所示。

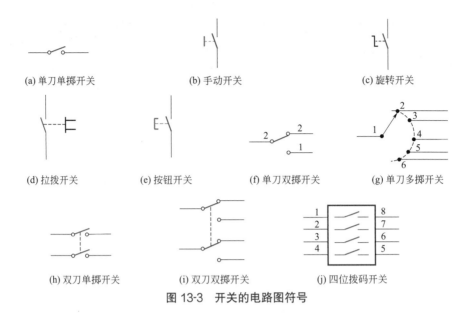

(a) 单刀单掷开关　　　(b) 手动开关　　　(c) 旋转开关

(d) 拉拨开关　　　(e) 按钮开关　　　(f) 单刀双掷开关　　　(g) 单刀多掷开关

(h) 双刀单掷开关　　　(i) 双刀双掷开关　　　(j) 四位拨码开关

图 13-3　开关的电路图符号

2. 常见开关的识别

（1）钮子开关

钮子开关适合在家用电器、仪器仪表及各种电子设备中作通断电源和转接电路之用。钮子开关的极位通常为单极双位或双极双位，其常见的外形图如图 13-4 所示。

图 13-4　钮子开关外形

（2）船形开关

船形开关具有通断容量大、性能可靠、安全性好的特点，广泛应用于家用电器及仪器仪表电路中。这种开关有的还带有指示灯，使用十分方便。船形开关的极位多为单极单位、单极双位及双极双位等，主要用于电源电路及工作状态电路的切换，其常见的外形图如图 13-5 所示。

图 13-5　船形开关外形

（3）按钮开关

按钮开关有自锁和不自锁之分，自锁的按钮开关在按下后即接通或断开自锁，再按一下便复位到初始状态；不自锁的按钮开关在按下时动作，只要手一离开，开关便复位到初始状态。按钮开关有的还带有指示灯，当开关接通工作时，指示灯便会点亮，具有开关和指示灯的组合功能。

按钮开关安装方便，性能可靠，适合在各种仪器仪表及电子设备中作通断电源和换接电路之用，其常见的外形图如图13-6所示。

图 13-6　按钮开关外形

（4）按键开关

按键开关是通过按动键帽使开关接通或断开，从而达到切换电路目的的。按键开关的外形图如图13-7所示。

(a) KFT系列　　　　(b) PBS系列　　　　(c) KDC系列　　　　(d) KFC轻触系列

图 13-7　按键开关的外形

（5）拨动开关

拨动开关是通过拨动开关柄使电路接通或断开，从而达到切换电路目的的。拨动开关常用的品种有单极双位、单极三位、双极双位及双极三位等，它一般用于低压电路，具有滑块动作灵活、性能稳定可靠的特点，适用于小家电、玩具及小型仪器仪表上。拨动开关的外形图如图13-8所示。

图 13-8　拨动开关的外形

（6）叶片开关

叶片开关的外形图如图13-9所示。

图 13-9 叶片开关的外形

（7）旋转开关

旋转开关又称为波段开关或旋转式波段开关，主要用于各种仪器仪表的电路中，固定在绝缘基体上不动的接触片叫作定片，定片可根据需要做成各种不同的数目，其中始终和开关动片相连接的定片叫作刀，刀的多少代表开关的极数，一般用 D 表示；其他的定片称为位或掷，用 W 表示。为了使旋转开关有更好的功能，在一个旋转开关上可装上多层开关组件，组成多层式旋转开关，当旋转轴时它们会同步进行开关动作。旋转开关外形图如图 13-10 所示。

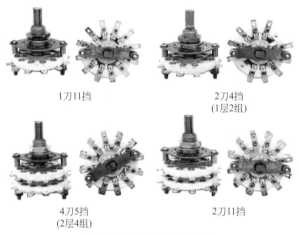

1刀11挡　　　　　　　　　　　2刀4挡
　　　　　　　　　　　　　　　(1层2组)

4刀5挡　　　　　　　　　　　2刀11挡
(2层4组)

图 13-10 旋转开关外形

13.1.2 开关的主要技术参数

开关的主要技术参数如表 13-1 所示。

表 13-1 开关的主要技术参数

主要技术参数	解 说
额定电压	正常工作状态下，开关断开时动、静触点可以承受的最大电压，称为开关的额定电压，对交流开关则指交流电压的有效值
额定电流	正常工作时开关所允许通过的最大电流，称为开关的额定电流，在交流电路中指交流电流的有效值
接触电阻	开关接通时，相通的两个接点之间的电阻值，称为开关的接触电阻。此值越小越好，一般开关接触电阻应小于 20mΩ

主要技术参数	解　说
绝缘电阻	开关不相接触的各导电部分之间的电阻值，称为开关的绝缘电阻。此值越大越好，一般开关绝缘电阻在 100MΩ 以上
耐压	耐压也称抗电强度，指开关不相接触的导体之间所能承受的最大电压值。一般开关耐压大于 100V，对电源开关而言，耐压要求不小于 500V
工作寿命	开关在正常工作条件下的有效工作次数，称为开关的工作寿命。一般开关为 5000～10000 次，要求较高的开关可达 $5 \times 10^4 \sim 5 \times 10^5$ 次

13.1.3　开关的检测

开关的检测内容主要是检测开关接触电阻和绝缘电阻是否符合规定要求。

以一刀两位（单刀双掷）开关为例，测量图如图 13-11 所示。把万用表欧姆挡置于最小量程或采用蜂鸣器挡，把一表笔与刀连接（例如图中的 2 脚），另一表笔分别与两个位相连接（例如图中的 1 脚、3 脚），此时开关若处于接通位置，万用表指示阻值为 "0"（或蜂鸣报警），表明接触良好；当开关处于断开位置时，万用表指示阻值为 "∞"（或蜂鸣器不响），表明开关正常。若开关处于接通位置而万用表指示有阻值或无穷大，则开关刀与位之间接触不良或未接通；若开关处于关闭位置时，万用表指示接通，表明开关已损坏。

对于多刀多位开关，每个刀与位之间都要按上述检测方法进行检查。

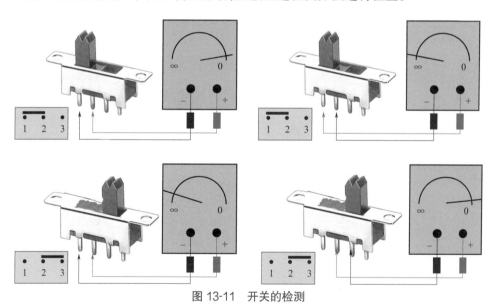

图 13-11　开关的检测

13.1.4　开关的选用

选用开关时应注意以下事项。

① 应根据负载的性质选择开关的额定电流值。使用开关时启动电流是极大的，如果选择的开关在要求的时间内承受不了启动电流的冲击，开关的触点就会出现电弧，使开关触点

烧焊在一起或因电弧飞溅而造成开关的损坏。

② 开关应用电路的最高电压应不大于开关额定电压。

③ 用于市电电源的开关，应注意其绝缘电阻。

④ 由于开关在接通和断开电路时，触点结合的好坏会直接影响短路负载，故在应用时应选用接触电阻小的开关。

⑤ 由于开关的用途较广，对于机械寿命和电气寿命的选择应根据使用的场合而定。在开关频繁开启、关断且负载不大的场合，选择开关时应着重于它的机械寿命；在开关承受较大功率的场合，则选择开关时应着重于它的电气寿命。

13.2 连接器

扫一扫 看视频

13.2.1　2.5/3.5/6.35 系列插口、插头

2.5/3.5/6.35 系列插口、插头的外形及符号图如图 13-12 所示。

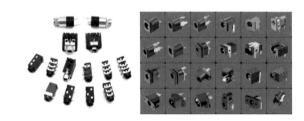

(a) 2.5/3.5/6.35系列插口外形

(b) 2.5/3.5/6.35系列插头外形

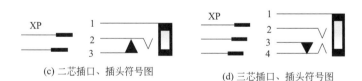

(c) 二芯插口、插头符号图　　　(d) 三芯插口、插头符号图

图 13-12　插口、插头外形及电路符号

13.2.2　2.5/3.5/6.35 系列插口、插头的检测

以双芯插口和插头检测为例，插头检测如图 13-13 所示。

双芯插口能起到开关的作用。首先通过观察，看其簧片是否变形、氧化；焊片是否折断。若发现变形应予以矫正。

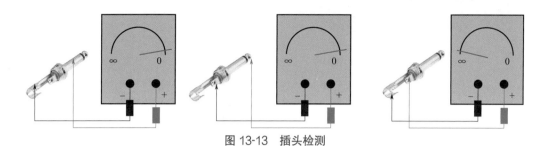

图 13-13　插头检测

当插头未插入插口时，定片 3 与动片 2 接通；插头插入后，动片 2 与定片 3 断开。这时，动片 2 与插头尖接通，外壳 1 与插头套管接通。插口检测如图 13-14 所示。

将万用表置于 $R \times 10\Omega$ 挡，检测内外簧片之间、座体焊片与其他簧片之间是否有漏电。若有漏电，万用表指针将指示很小的电阻或 0，有漏电的插座不宜常用。

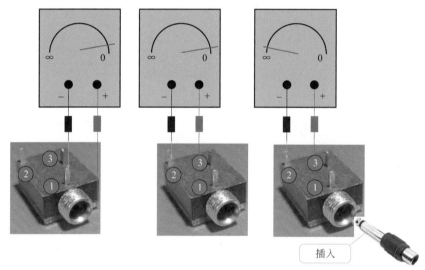

插入

图 13-14　插口检测

13.2.3　电源插座、插头

电源插座、插头的外形图如图 13-15 所示。

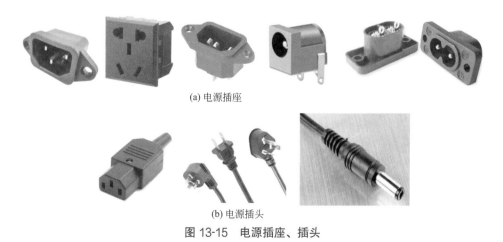

(a) 电源插座

(b) 电源插头

图 13-15　电源插座、插头

13.2.4 AV 插座、插头

AV 插座、插头的外形图如图 13-16 所示。

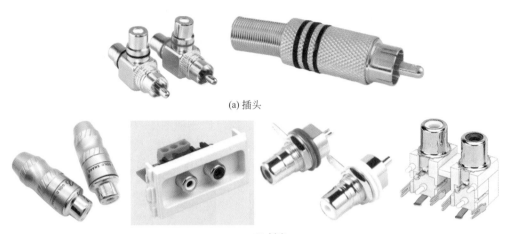

(a) 插头

(b) 插座

图 13-16 AV 插座、插头

13.3
继电器

13.3.1 继电器的作用、分类及图形符号

1. 继电器的作用

继电器是在自动控制电路中起控制与隔离作用的执行部件，它实际上是一种可以用低电压、小电流来控制高电压、大电流的自动开关。

2. 继电器的分类

常见继电器的分类如图 13-17 所示。

3. 继电器的图形符号

继电器的图形符号如图 13-18 所示，对于继电器的常开、常闭触点，可以这样来区分：继电器线圈未通电时处于断开状态的静触点，称为常开触点，又称动合触点；处于接通状态的静触点称为常闭触点，又称动断触点。

常用电磁继电器的触点有三种基本形式：动合触点（常开触点）、动断触点（闭合触点）、转换触点（动合和动断切换触点），它们的电路图形符号如图 13-18 所示。

①动合型（H 型）线圈不通电时两触点是断开的，通电后，两个触点就闭合。用"合"字的拼音字头"H"表示。

②动断型（D 型）线圈不通电时两触点是闭合的，通电后两个触点就断开。用"断"字的拼音字头"D"表示。

③转换型（Z 型）。这种触点组共有三个触点，即中间是动触点，上下各一个静触点。

线圈不通电时，动触点和其中一个静触点断开，和另一个闭合。线圈通电后，动触点就移动，使原来断开的成为闭合状态，原来闭合的成为断开状态，达到转换的目的。这样的触点组称为转换触点，用"转"字的拼音字头"Z"表示。

图 13-17　常见继电器的分类

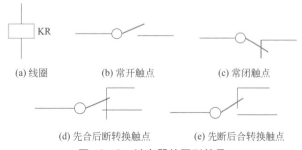

图 13-18　继电器的图形符号

13.3.2　电磁继电器

电磁继电器按所采用的电源来分，可分为交流电磁继电器和直流电磁继电器。常见电磁继电器的外形图如图 13-19 所示。

图 13-19　常见电磁继电器的外形

电磁继电器属于触点式继电器，主要由铁芯、衔铁、弹簧、簧片及触点等组成，在电路中常用"K"或"KA"表示。工作原理图如图 13-20 所示，当电磁继电器线圈 E、D 两端加上工作电压时，线圈及铁芯被磁化成为电磁铁，将衔铁吸住，衔铁带动触点 B 与动触点 A 分离，而与静触点 C 闭合。这一过程称为继电器吸合状态。吸合后，线圈内必须有一定的稳定电流才能使触点保持吸合状态。

线圈断电后，在弹簧拉力的作用下，衔铁复位，带动触点也复位。这一过程称为释放（或复位）状态。

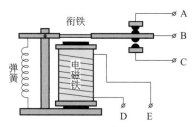

图 13-20　继电器工作原理

几种电磁继电器接线底视图如图 13-21 所示。

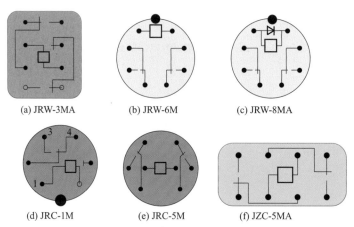

(a) JRW-3MA　　　(b) JRW-6M　　　(c) JRW-8MA

(d) JRC-1M　　　(e) JRC-5M　　　(f) JZC-5MA

图 13-21　几种电磁继电器接线底视图

13.3.3 干簧管继电器

干簧管继电器是一种小型继电元件，它具有动作速度快、工作稳定、机电寿命长及体积小等特点，在自动化、运动技术测量、通信技术等方面得到了应用。

干簧管继电器是由干簧管和绕在其外部的电磁线圈等构成的，如图 13-22（b）所示。当线圈通电后（或永久磁铁靠近干簧管）形成磁场时，干簧管内部的簧片将被磁化，开关触点会感应出磁性相反的磁极。当磁力大于簧片的弹力时，开关触点接通；当磁力减小至一定值或消失时，簧片自动复位，使开关触点断开。干簧管继电器结构与外形如图 13-22 所示。

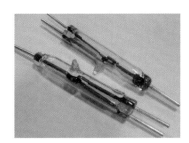

(a) 干簧管外形

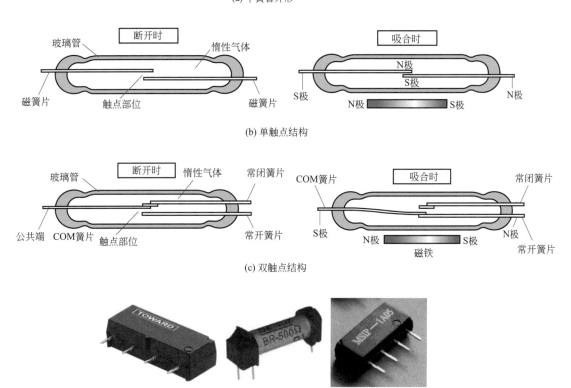

(b) 单触点结构

(c) 双触点结构

(d) 干簧管继电器

图 13-22　干簧管继电器结构与外形

13.3.4　固态继电器

固态继电器是一种新型无触点器件，也是一种能将电子控制电路和电气执行电路进行良好隔离的功率开关器件。固态继电器一般为四端有源器件，其中有两个输入控制端和两个输出端，输入与输出间有一个隔离器件，只要在输入端加上直流或脉冲信号，输出端就能进行开关的通断转换，实现了相当于电磁继电器的功能。固态继电器的外形及符号图如图 13-23 所示。

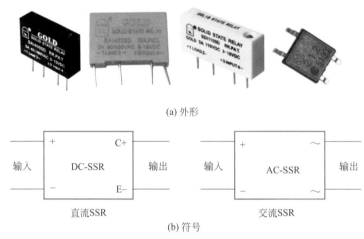

(a) 外形

(b) 符号

图 13-23　固态继电器的外形及符号

固态继电器按使用场合不同可分为直流型（DC-SSR）和交流型（AC-SSR）两种；按开关形式可分为常开型和常闭型；按隔离形式可分为混合型、变压器隔离型和光电隔离型，以光电隔离型为最多。

13.3.5　继电器的主要技术参数

继电器的主要技术参数如表 13-2 所示。

表 13-2　继电器的主要技术参数

序号	主要参数	解　说
1	线圈额定电压	使触点稳定切换时线圈两端所加的电压称为额定电压。额定电压分为直流电压和交流电压。额定直流电压常有 6V、9V、12V、24V、48V 等。对于线圈所加的工作电压，一般不要超过额定工作电压的 1.5 倍，否则会产生较大的电流而把线圈烧毁
2	吸合电压	保持触点吸合，线圈两端应加的最低电压称为吸合电压，通常为额定电压的 70%～80%
3	吸合电流	触点吸合时线圈通过的最小电流称为吸合电流。在正常使用时，给定的电流必须略大于吸合电流，这样继电器才能稳定地工作
4	释放电压	触点吸合后其释放时，线圈两端所加的最高电压称为释放电压，通常比吸合电压低
5	释放电流	释放电流是指继电器产生释放动作时的最大电流。当继电器吸合状态的电流减小到一定程度时，继电器就会恢复到未通电的释放状态。释放电流远远小于吸合电流
6	线圈消耗功率	继电器线圈所消耗的额定电功率称为线圈消耗功率
7	触点负荷	触点负荷是指触点的带载能力，即触点能安全通过的最大电流和最高电压

13.3.6 电磁继电器的检测

1. 检测触点电阻

如图 13-24 所示是电磁继电器触点电阻的检测方法。用万用表的电阻挡测量常闭触点与动点电阻，其阻值应为 0；常开触点与动点的阻值应为无穷大。由此可以区别出哪个是常闭触点，哪个是常开触点。用万用表的 $R\times1$ 挡测量常闭触点的电阻值，正常为 0；将衔铁按下，此时触点的阻值应为无穷大。若在没有按下衔铁时，测出某一组常闭触点有一定的阻值或无穷大，则说明该组触点已烧坏或氧化。

2. 检测触点线圈电阻

电磁继电器触点线圈的检测方法如图 13-25 所示。电磁继电器线圈的阻值一般为 $25\Omega \sim 2k\Omega$。额定电压低的电磁继电器线圈的阻值较低，额定电压高的电磁继电器线圈的阻值较高。可用万用表 $R\times10$ 挡测量继电器线圈的阻值，从而判断该线圈是否存在开路现象。若测得其阻值为无穷大，则线圈已断路损坏；若测得其阻值低于正常值很多，则是线圈内部有短路故障。如果线圈有局部短路，用此方法不易发现。

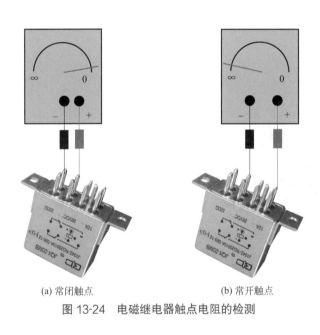

(a) 常闭触点　　　　(b) 常开触点

图 13-24　电磁继电器触点电阻的检测　　　图 13-25　电磁继电器触点线圈的检测

13.3.7 干簧管继电器的检测

用万用表检测干簧管好坏的方法如图 13-26 所示。以常开式干簧管为例，将万用表置 $R\times1$ 挡，两表笔分别接干簧管继电器的两端，阻值应为无穷大，如图 13-26（a）所示。拿一块永久磁铁靠近干簧管继电器，此时万用表指针向右摆至零，说明两簧片已接通，如图 13-26（b）所示；然后将永久磁铁离开干簧管继电器，万用表示数为无穷大，则说明干簧管基本正常。

对于三端转换式干簧管，同样可采用上述方法进行检测。但在操作时要弄清三个接点的相互关系，以便得到正确的测试结果，并做出正确的判断。

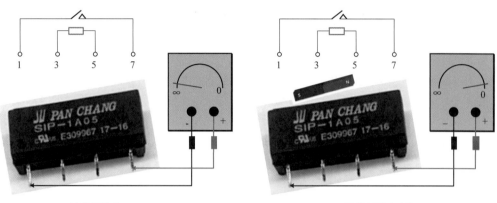

(a) 常开触点　　　　　　　　　(b) 常开触点动作

图 13-26　万用表检测干簧管好坏

干簧管线圈好坏的检测方法如图 13-27 所示。可以采用通电的方法进行检测。将万用表置于 $R\times 1$ 挡，测量干簧管继电器触点引脚之间的电阻，然后给线圈引脚加上额定工作电压，正常触点引脚间阻值应由无穷大变为 0，若阻值始终为无穷大，表明干簧管触点断路。

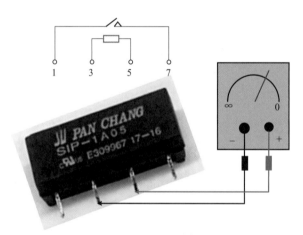

图 13-27　干簧管线圈好坏的检测

13.3.8　固态继电器的检测

1. 判别固态继电器的输入、输出端

对无标识或标识不清的固态继电器的输入、输出端的确定方法是：将指针式万用表置于 $R\times 10k$ 挡，将两表笔分别接到固态继电器的任意两脚上，看其正、反向电阻值的大小，当测出其中一对引脚的正向阻值为几十欧至几十千欧、反向阻值为无穷大时，此两引脚即为输入端。黑表笔所接就为输入端的正极，红表笔所接就为输入端的负极。经上述方法确定输入端后，输出端的确定方法是：对于交流固态继电器，剩下的两引脚便是输出端且没有正与负之分。对直流固态继电器仍需判别正与负，方法是：与输入端的正、负极平行相对的便是输出端的正、负极。

需要指出的是，有些直流固态继电器的输出端带有保护二极管，保护管的正极接固态继电器的负极，保护管的负极则与固态继电器的正极相接，测试时要注意正确区分。

2.判别固态继电器的好坏

置万用表 $R \times 10k$ 挡，测量继电器的输入端电阻，正向电阻值若在十几千欧左右，反向电阻为无穷大，表明输入端是好的。然后用同样挡位测继电器的输出端，其阻值均为无穷大，表明输出端是好的。如与上述阻值相差太远，表明继电器有故障。

13.3.9 继电器的选用及注意事项

1.电磁继电器的选用

（1）继电器线圈工作电压的选择

首先考虑是直流电源还是交流电源。其次要考虑继电器所消耗的功率，一般功率与其体积是成正比的。

（2）继电器额定工作电压的选择

首先要了解继电器所在电路中的工作电源电压，继电器工作电压应等于这一电压，或电路电源电压为继电器工作电压的80%，也可以保证继电器正常工作，但一定不要使电路中的电源电压大于继电器的额定工作电压，否则容易损坏继电器线圈。

（3）触点容量的选用

先根据继电器所控制的电路特点来确定触点的数量及形式；再以触点控制电路中电流的种类、电压及电流的大小来选择触点容量的大小。

（4）确定继电器的动作时间及释放时间

应根据实际电路对被控制对象动作的时间要求，选择继电器的动作时间和释放时间，也可以在继电器电路中附加电子元器件来加速或延缓继电器的动作及释放时间，以满足不同电路的要求。

（5）工作环境条件

应考虑环境的温度与湿度、需要工作的寿命等。

2.固态继电器的选用及注意事项

① 输入的工作电压应满足额定电压。若输入电压高于额定电压，则需要外加限流电阻，以限定输入电压。

② 固态继电器的输入端有恒流输入和串电阻限流输入之分，而且还有输入正逻辑和负逻辑之分，应根据这些不同的输入条件来确定驱动电路。

③ 固态继电器的输出负载能力随环境温度的升高而下降，因而在环境温度大于 $50\,^{\circ}\mathrm{C}$ 的条件下工作的固态继电器，选用的负载能力必须留有一定的余量。

④ 选用固态继电器输出端参数时，应考虑其输出端额定工作电压和额定工作电流与实际工作中的电压与电流是否一致。

⑤ 交流固态继电器有过零型和随机型之分，使用中若要考虑射频干扰的影响，应选用过零型，但在高速通断场合下使用过零型固态继电器时，要注意实现过零控制会使输出动作相当于输入信号有一个延迟时间，该时间可按不大于被控交流电压的半个周期计算。

⑥ 交流固态继电器被控交流正弦波的频率一般在 $40 \sim 710\mathrm{Hz}$，若被控电源的波形和频率超出这个范围，应根据具体的情况而定。

⑦ 固态继电器的负载是各式各样的，因此在选用之前，首先要了解负载的性质及负载对继电器工作带来的影响。

a.阻性负载：固态继电器最简单的使用场合就是恒定的阻性负载，这时只要注意稳态电的额定值和选用适当的阻断电压，继电器就能可靠地工作。

b.感性负载：感性负载本身有助于限制电流的上升速度，但电压变化率很大，往往会造成继电器工作不可靠现象发生。此时可在继电器的输出端并联RC吸收回路。

c.容性负载：在使用容性负载时，必须对瞬态电压加以限制，最好的办法是选用零压导通的固态继电器。

⑧ 必要时在输出端应加以保护装置。过压、过流和负载短路是造成继电器永久损坏的主要原因，所以在有些场合下应加以保护装置。

参 考 文 献

［1］ 王学屯．常用元器件的识别与检测．北京：电子工业出版社，2010.

［2］ 王学屯．图解元器件识别、检测与应用．北京：电子工业出版社，2013.

［3］ 王学屯．电子元器件边学边用．北京：化学工业出版社，2015.

［4］ 赵春云，等．常用电子元器件及应用电路手册．北京：电子工业出版社，2007.

［5］ 龚华生，等．元器件自学通．北京：电子工业出版社，2008.

［6］ 赵广林．常用电子元器件识别／检测／选用一本通．北京：电子工业出版社，2007.

［7］ 徐小菊，等．图解贴片元器件技能·技巧问答．北京：机械工业出版社，2008.

［8］ 刘建清，等．电子元器件识别与检测技术．北京：国防工业出版社，2007.

［9］ 张双庆．电子元器件的选用与检测即学即用．北京：机械工业出版社，2010.